本书为福建省教育厅社科项目
“福建防御性乡土建筑的保护与开发研究”成果
（项目编号：JAS20175）
本书获得闽南师范大学学术著作出版专项经费资助

漳州土楼与寨堡

郑丽娟　林南中　著

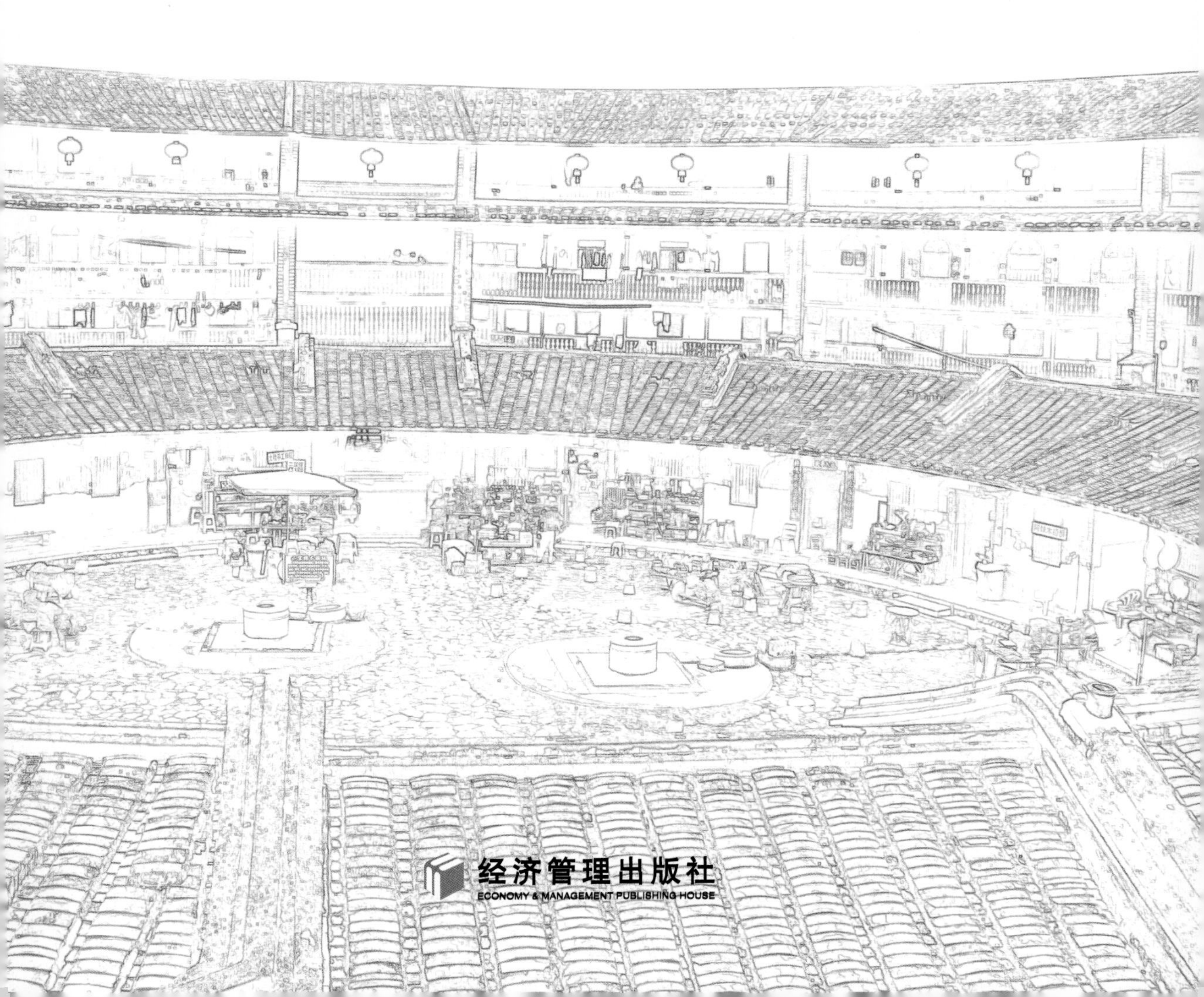

经济管理出版社
ECONOMY & MANAGEMENT PUBLISHING HOUSE

图书在版编目（CIP）数据

漳州土楼与寨堡 / 郑丽娟，林南中著 .—北京：经济管理出版社，2022.12
ISBN 978-7-5096-8876-2

Ⅰ. ①漳⋯ Ⅱ. ①郑⋯ ②林⋯ Ⅲ. ①民居 – 研究 – 漳州 ②古城遗址（考古）– 研究 – 漳州
Ⅳ. ① TU241.5 ② K878.3

中国版本图书馆 CIP 数据核字（2022）第 248611 号

组稿编辑：陈艺莹
责任编辑：王光艳
责任印制：黄章平
责任校对：杨利群

出版发行：经济管理出版社
（北京市海淀区北蜂窝 8 号中雅大厦 A 座 11 层 100038）
网　　址：www.E-mp.com.cn
电　　话：（010）51915602
印　　刷：北京金康利印刷有限公司
经　　销：新华书店
开　　本：787 mm × 1092 mm　1/16
印　　张：17.75
字　　数：402 千字
版　　次：2024 年 3 月第 1 版　2024 年 3 月第 1 次印刷
书　　号：ISBN 978-7-5096-8876-2
定　　价：198.00 元

PREFACE 序一

我的老家在漳州芗城区天宝镇洪坑村，因缘际会，20 世纪 60 ～ 70 年代我在那里度过了我的青少年时代，那一幢幢“青砖石壁脚”的四合院民居给我留下了很深的印象。后来读书工作后，我从事福建传统建筑的研究和保护，再次注意到家乡漳州这片美丽而神奇的土地，她蕴含着许多富有地方特色的建筑文化资源，遗存的传统建筑资源丰富多彩：有沿海的官方卫所城堡建筑，还有来自民间建造的土楼、土堡、官式大厝，又有番仔楼、骑楼等外来建筑文化元素的植入。由郑丽娟、林南中合著的《漳州土楼与寨堡》即将出版，请我写序时，我欣然应允。作为土生土长的漳州人，我有责任和义务为漳州传统建筑的研究和宣传做点事情。

我曾经与两位作者到漳州乡村去探寻传统建筑因而结识林南中先生，他是漳州文史界的贤才，虽供职于金融系统，却对漳州地方文化情有独钟，早在 20 世纪 90 年代就开始关注乡村乡土建筑，积累了不少原始素材，也写了不少文章。郑丽娟为闽南师范大学商学院旅游管理系的教师，因攻读闽南文化专业的博士而热衷于闽南乡村的调研，在乡村调研中积累了不少土楼寨堡的资料及这些建筑背后的家族历史和故事，从历史学、社会学以及建筑学等专业的角度对漳州防御性乡土建筑进行了较系统的梳理和研究。本书即是他们多年来实地调研资料的积累，书中收入的建筑基本都是来自他们亲自探访、收集的原始资料和拍照存档，为漳州地方建筑文化的保护做了不懈的努力。我虽对全国的建筑类型有较全面的考察和研究，但对于漳州防御性乡土建筑还没有两位作者了解得这么全面、细致。

漳州这块土地自明代中叶以来一直不太平：先有倭寇海上集团的袭扰，又有明末清初郑成功军事集团与朝廷的对抗，再经过清初康熙年间沿海地区“迁界”的痛苦，后又经太平天国运动后期太平军对漳州的掠夺和杀戮，百姓民间对防御性建筑的需求与日俱增，土堡、寨堡就是这种防御性建筑的产物。本书就是从防御性角度对漳州范围内的古建筑进行了系统归纳和分析，分官方卫所城堡、地方土楼与寨堡、碉楼等防御性建筑类型分别论述。本书的核心部分是漳州各县区土楼与寨堡的系统梳理，对于碉楼的加入让人耳目一新。既有典型的闽南建筑符号，也折射出漳州古建筑上蕴含的丰富的人文意涵，是研究历史上漳州社会的物质生产、生活方式、民风民俗的一个重要载体。本书的出版，为漳州防御性建筑文化的总结提供了一份丰富的资料，是漳州地方建筑文化的重要力作。

戴志坚

2022 年 11 月 3 日

PREFACE

序二

由郑丽娟、林南中两位编写的《漳州土楼与寨堡》即将出版，请我写个序，欣然答应下来。

《漳州土楼与寨堡》一书，收集大量资料，很多是两位作者多年来不辞辛苦、亲临现场考察所得。为了获取第一手资料，两位作者常常早出晚归，对土楼进行全面考察，拍摄照片。土楼大都深藏于穷山之中，要做到完全发现几乎是不可能的，只能靠爱好者不断去发现。该书将漳州的土堡归类为土楼、寨堡和碉楼三类。第一部分写了明朝的卫所，第二部分写各县的楼堡，第三部分写各县区碉楼，层次分明，图文并茂，可读性强。对于土楼产生来源，民间各有说法，也收入了此书中。

我对于土楼的最早接触，是当知青时赶墟，到片区的所在地——白石村，墟就设在白石寨内。农村土楼，俗称寨子，通常说法是防土匪的，过去经常有土匪“争变”，抢掠村庄。

土楼实际是官方的说法，民间说法各异。有的地方是把方形的称为楼，圆形的才称为寨。南靖县书洋镇、梅林镇的导游说：一层称为厝，二层称为居，三层以上才称为楼。我是比较赞成导游的这种说法，平和的不少土楼只有两层，门楣就是写某某居。

漳州土楼是东南沿海人民的一大创举，不限于明清民国时建，在 20 世纪 60~80 年代，还曾经出现过一个建设新高潮，南靖田螺坑的“四菜一汤”，就有那个时期的产物。建土楼大多就地取材，不用水泥、不用钢筋，一般就是普通红土，但也有用高级的白垩土，如平和百花洋村的寨子。漳州土楼分布很广，原来没有记载的长泰县，近些年也有所发现。土楼也不限于穷乡僻壤，如诏安深桥镇磁窑村土楼，距县城也就 2.5 公里左右。

我们知道现在有客家土楼和闽南土楼之争，客家土楼与闽南土楼的区别主要是通廊式和单元式、无纪年和有纪年之分。其实闽中也有不少古老的土堡，到底土楼源于哪里？为什么会出现土楼呢？这些问题都要通过对历史文献的考察，才能发现答案。

土楼是在明万历元年（1573 年）的《漳州府志》中最早提及的，在之前的弘治庚戌年（1490 年）的《八闽通志》、正德八年（1513 年）的《大明漳州府志》、嘉靖十三年（1534 年）的《龙溪县志》等志书中均无记载。万历元年的《漳州府志》卷之七《兵防志·土堡》写道："漳州土堡旧时尚少，惟巡检司及人烟辏集去处设有土城，嘉靖四十年以来，各处盗贼生发，民间团筑土围、土楼日众，沿海地方尤多……按各土堡近多废坠。隆庆六年奉军门案验为开读事……"文中用的是"团筑"一词，"团"的基本释义就是"圆形的"，我们通常说的土楼，都是特指圆土楼。

明朝是封建专制最完备的朝代，里甲制度把农民牢牢地钳制在土地上，出门百里，需要路引，类似改革开放之前的单位介绍信一样，住宿、买票、办事无一不需要，巡检司城，就是用来盘查过往行人证件的。志书将土楼列入兵防志而不是民俗，就知道土楼是不能随便建的，类似现在的管制刀具一样，不是可以随便带的。冷兵器时代，土堡很容易被"草寇"利用，明官府允许民间建土堡，实乃无奈之举。明朝反元朝重商之举，严格执行扬农抑商政策，变态到片板不准下海。对于远离中原的闽南人来说，经历宋元两代商业洗礼，这种传统不是明王朝所能彻底扑灭的。因此好商的漳泉人，参与倭乱，甚至成为倭乱之头目，倭乱燃遍浙闽大地。

《漳州府志》卷之三十《海澄县》云"至（嘉靖）三十五年，海寇谢老突至，掳掠屯毁，祸烈。三十 [六] 年（1557 年），军门阮鹗召谕居民筑土堡为防御计"。此时，漳州土楼集中于龙溪县境内（后分出海澄县），一片在九龙江口，就是龙溪县一二三都至八九都，二十八都二十九都三十都；另一片在漳州城北部，以二十一都、二十五都为主。

海澄实际是最早建土堡的地方，"嘉靖三十六年，地方寇乱，军门阮鹗令民筑堡，议合八九二都其围跨溪为桥，筑垣其上，委通判汪铨督民出力，灰筑土垣内外厚一丈有奇，高一丈八尺，马道覆石板，外凿濠涧阔二丈，已颇就绪。次年倭至遂辍，继以上恶煽乱据为巢穴……隆庆元年设县，将二都分为二堡。"隆庆元年（1567 年），知府唐九德亲自立址鸠工的海澄县治，就是由县城和学城两座圆城构成，后来又增加港口城和溪尾铳城两座圆城。

嘉靖年间南靖也有土楼，可惜没有记载下来。明崇祯六年（1633年）《海澄县志》收录存世第一首《咏土楼》诗。作者黄文豪，龙溪县人。据悉，在民国年间，陈炯明开展市政建设时曾拆的“父子进士坊”，即明进士黄文豪、黄一龙的牌坊。

嘉靖三十四年乙卯（1555年）黄文豪中举，次年登进士第。而倭寇恰恰是在嘉靖丙辰年开始对漳州进行大规模骚扰，当时民间争相建造楼堡，黄文豪可谓土楼诞生的历史见证人。土楼不但具防倭功能，而且“倚山为城，斩木为兵，接空楼阁兮跨层层，奋戈矛兮若虎视而龙腾”，促进民间械斗成风。明天启年间（1621~1627年），龙溪进士陈天定写给漳州知府施邦曜的《北溪纪胜》说“其下为廿二都，上为廿三四都，烟火稠密，人事耕学，楼堡相望”，龙岭（今华安县城华丰镇）以下诸村“连山筑堡，鼓柝相闻”。

到清初，土楼才沿塘递路向闽西、粤东发展。有人把闽西的土楼历史提到元朝甚至宋朝，更甚者唐朝，是没有多大历史依据，明万历元年（1573年）《漳州府志》中也明确提到平和“土堡无考”。土楼在冷兵器时代，易守难攻。到清同治四年（1865年），清军是动用大炮才打下华安齐云楼的，20世纪30年代，如果没有使用火炮，龙岩土楼还攻打不下来。

漳州土楼是东南沿海人民应时创造的历史瑰宝，是值得大书特书，《漳州土楼与寨堡》一书定能给漳州土楼和传统文化增加异彩。

郭联志

2022年4月21日　于腾飞花园

前言

漳州是个神奇而不张扬的地方，养育着朴实而富有拼搏精神的人民。自陈元光开漳征战起，宋末抗元、元明畲乱、明倭寇侵扰、郑成功抗清等接连不断的战祸，历练着富有斗志的漳州人，而具有防御性的民居也应运而生。漳州土楼是福建最具有代表性的防御性建筑，在世界遗产“福建土楼”中占有重要地位，在闽粤土楼数量上也占有绝对优势。在漳州的每个县区都分布有形态各异、各具特色的土楼建筑，其分布之广是闽粤其他地市所不能比拟的。据不完全统计，漳州全市约有三千多座土楼，除加入世界文化遗产及各级文物保护单位的土楼外，大多数处在缺少保护和管理的“非世遗”土楼行列，而且很多处于摇摇欲坠濒临倒塌的境地，如何保护好这些岌岌可危的“非世遗”土楼，是乡村文化振兴的重要内容。而较全面记录和展现这些土楼的书籍少之又少，更何谈乡村土楼文化的保护与传承。而且仅凭一两人之力，也难以全面而细致叙之。在此仅以近三五年所调查漳州楼堡资料汇集成书，借以抛砖引玉，引起关注和重视，为更深入的土楼研究提供原始素材，也为古建筑爱好者和乡村旅游爱好者提供文图参考，为将逝去的楼堡留下原始资料。

本书可谓漳州防御性乡土建筑的集成，除土楼外，还加入了石楼、寨堡、城堡、碉楼等漳州乡间防御性建筑。漳州不同类型的防御性建筑的产生，与漳州特定的地理环境、人文环境、历史文化等因素密切相关，全书首先在概述漳州自然与人文地理环境的背景下，厘清土楼、寨堡、碉楼等相关防御性建筑的概念及之间的关系。土楼并非是纯夯土建筑，在不同的自然地理环境下，根据建材的易得性而呈现出石土楼、砖

土楼、砖石楼，甚至全石楼的变异类型。依地形地势不同，土楼形状也呈现出圆形、方形、椭圆形、前方后圆形、八卦形、风车辇形、前低后高五凤形等千姿百态状。土楼实为人们适应环境为生存、为生活、为抵御匪寇而筑的家园，呼楼、呼寨、呼堡本没有太大区别。书中还对土楼产生、繁荣、衰落的发展变迁，以及沿海土楼是否先于山区土楼产生的问题进行了分析。土楼并没有那么神秘，乃为防御而建的乡土建筑。所以，本书虽名为《漳州土楼与寨堡》，实乃漳州各类型防御性建筑之汇集。

本书以官方卫所城堡作为第一部分，以区别于第二、三部分的土楼、寨堡、碉楼等民间防御建筑。官方城池或城堡对民间防御性楼堡的筑建起了重要的示范作用，自明初施行卫所制度而建起的卫所城堡、水寨、巡检司城等，是当时社会主要的防御性建筑之类型。顾炎武的《天下郡国利病书》转引明万历《漳州府志》曰："漳州土堡，旧时尚少。惟巡检司及人烟辏集去处，设有土城。"也可以说当时官方是不允许民间自建大型的土堡建筑的。但是，明嘉靖中期以来东南沿海严重的倭患，官方的卫所城堡无以抵挡倭寇保卫沿海臣民，只能默许或鼓励民间仿官方城堡自建土城土堡以御倭寇。所以早期民间的土城土堡多是一村一社合乡族之力团建的，说土楼（土堡）是家族的产物，那是家族的人力财力壮大以后才能做到的。

第二部分漳州各县区土楼与寨堡，这是本书的核心和重点。依现行行政区划下的漳州四区七县和两个经济开发区为章节单位，分十三章分别对各县区的防御性建筑进行文图分析，并在各县区历史文化背景下，归纳各县区防御性建筑的概况、特点及现状。漳州各县区现存的防御性乡土建筑各具特色，如南靖土楼独领一秀，平和土楼或土城以单元式为主，云霄、诏安、东山的土楼、城堡兼具山海特色，漳浦现存土楼历史最悠久，龙海、角美炮楼独领风骚，长泰山寨数第一，华安土楼与五凤楼别具一格，芗城、龙文石楼多。

在漳州沿海地区的龙海、漳浦、云霄、诏安、东山等县区的大型城堡分布比较密集，且有一村一城堡、城堡套寨堡的建筑特色，如漳浦赵家堡、诒安堡等，其内部又有完壁楼、小姐楼等防御性楼堡。一村即一城堡的如云霄的下河城堡、菜埔堡，诏安的梅洲城堡、上湖城堡、仙塘城堡，东山的康美城堡、城楼古城堡等。在九龙江北溪及西溪下游沿岸多见以寨、楼为名的寨堡，如西溪沿岸的天宝大寨、墨溪孤星寨等，又如北溪沿岸的沙建垂裕楼、银塘千秋楼、龙径霞楼、康山颍川楼、浦南浯沧楼、丰山嘉美楼等，以及北溪北岸的郭坑霞洲、霞贯等村社十余座大厝变形的石楼堡。

第三部分为碉楼防御性建筑。碉楼，是清末民初兴起的一种小型防御性建筑，在漳州也称为炮楼、铳楼、望楼、碉堡等，主要作为防守和瞭望之用。龙海（含台商区）碉楼以沿海沿江的角美、海澄、白水、九湖、程溪等乡镇数量较多，如程溪镇下叶村南阳堡、九湖镇恒春村聚护楼、林前村玉台楼、东泗乡溪坂村碉楼、榜山翠林社大陡门碉楼、海澄和平村坂里碉楼、白水镇大霞村炮楼、颜厝镇下庄村炮楼、角美坂美村碉楼、恒苍村碉楼、流传村碉楼等，长泰珪后、漳浦长桥也有不少碉楼。另外，山区的南靖、平和、华安等地还存有一种小型土楼炮楼，如南靖书洋车田社炮楼、和溪林中村炮楼，华安岛濑、仙都招山炮楼，平和秀峰福塘炮楼等，这种土楼炮楼沿九龙江北溪上溯到漳平、龙岩都有较广泛的分布。

本书源起2020年本人主持的福建省教育厅课题“福建防御性乡土建筑的保护与开发研究”，又机缘巧合与林南中先生担任漳州南山书院乡土研究会正副会长进行漳州乡土建筑调研。自筹备立项至完稿付梓，历时两年多，成书40余万字，本人承担约25万字，主要负责为全书定立章节框架及各章节主要文字撰写和统稿，参与部分图片拍摄制作。为此要感谢一起合作调查的林南中先生，承担了近一半的文字撰写和图片拍摄任务，他不仅一起搜集资料，帮忙联系村落乡贤，踩点规划田调线路，还不辞辛劳亲力亲为田野勘察，不计个人得失，几年田调的车耗油耗不计其费。还要感谢各个村落及地方文史专家、摄影专家的倾力支持，以及为本书作序和审稿的教授和专家。感谢闽南师范大学提供出版经费资助。感谢出版社陈艺莹老师的辛苦付出。要感谢的人很多，在此不一一列出。由于所涉土楼与寨堡的村社分布广泛，个人精力和能力有限，无法全面细致收集齐全，难免存在一些错误和遗漏，恳请社会各界专家学者指正。

郑丽娟

2022年11月于漳州

目录

CONTENTS

概　论

第一章　漳州自然与人文地理环境

一、漳州自然地理环境

漳州位于福建省南部，北纬 23°24′~25°15′、东经 116°51′~118°08′ 之间。东邻厦门市，东北与厦门市同安区、泉州市安溪县接壤，北与龙岩市漳平、永定等市县毗邻，西与广东省大埔、饶平县交界，东南濒临太平洋，隔海与台湾相望，总面积 1.26 万平方千米，占福建全省面积的 10.4%。[①] 特定的地理环境孕育了漳州地方文化的复杂多样性，其融合了闽南文化、客家文化、潮汕文化等，是文化荟萃之地。漳州西南、西北地区与相邻县市接壤处皆山水险恶之地，自宋元以来寇乱时发，民间就有建土城土堡以自卫。而东部临海，多为平原、丘陵之地，虽然有利于向外发展海外商贸，但是也容易遭受海上倭寇侵扰，以及台风等自然灾害的侵袭，人们的生产生活受到影响。

漳州地势特点为西北多山，东南临海较平缓，地势从西北向东南倾斜，西北部博平岭山脉、北部戴云山余脉构成西北部的高点，山峰海拔多在 800 米以上，山体规模较大，河流强烈切割，山势陡峭，沟深谷狭；沿海地区多为古岛屿上升而成的孤山，山体规模不大，但受流水强烈切割，沟谷发育，地形破碎，山势仍显陡峭，形成各县区独特的人文山景，如芗城区的芝山，龙海区的太武山，漳浦的梁山，云霄、诏安的乌山等；丘陵分布最广，沿海各县及华安、长泰、南靖、平和等县区皆有分布；平原主要分布在较大河流的中下游河谷开阔地段、山地沟谷或小溪流山口的山前地带、海岸地区及各大河流的河口地带，其中位于九龙江中下游的漳州平原是福建省最大的平原，土地肥沃，是漳州较早开发的区域之一，历史文化底蕴深厚。

漳州主要河流自北向南有九龙江（流域面积 14741 平方千米，西溪河长 172 千米，北溪河长 274 千米，南溪河长 68 千米）、鹿溪（流域面积 643 平方千米）、漳江（流域面积 1038 平方千米）、东溪（流域面积 1067 平方千米）等，这四条河流流域面积占全市河流流域面积的绝大多数。[②] 其他较大的溪流还有浯江溪、赤湖溪、佛昙溪、杜浔溪、苍口溪和韩江的支流芦溪、九峰溪等。水系多呈格子状分布，河网密度较大。其

① 中共漳州市委党史和地方志研究室编：《漳州市志》（第一册），中国文史出版社 2020 年版，第 70 页。
② 中共漳州市委党史和地方志研究室编：《漳州市志》（第一册），中国文史出版社 2020 年版，第 77 页。

中九龙江干流全长285千米，水系全长1923千米，是福建省第二大河，也是漳州最大河流。

九龙江发源于博平岭和戴云山脉，由北溪、西溪、南溪三大水系组成，北溪自华安西陂进入漳州，有仙都溪、龙津溪等支流；西溪有船场溪、永丰溪、芗江、花山溪四条主要支流，西溪和北溪在龙海福河汇合后分南港、中港、北港注入厦门港。另有发源于平和流经漳浦、龙海的南溪。河流是古代经济的命脉，古代城镇多依靠江河溪流孕育发展，江河流域的不同环境对区域的社会文化和居住习惯有重要的影响。九龙江上游地区为土楼密集区域，中下游以寨堡、石楼、大厝等民居形式为主。漳州主要城市、村镇分布在江河溪流等河谷平原地区，因自然环境和人文地理环境不同衍生出不同的民居建筑形式。

二、漳州人文地理环境

（一）漳州建置

漳州于唐垂拱二年（686年）建置，属岭南道，辖漳浦、怀恩两县。唐开元二十九年（741年），因户口未达立县标准，撤怀恩县，并入漳浦县。同年，析泉州龙溪县归漳州，时漳州辖漳浦、龙溪两县，仍属岭南道。唐大历十二年（777年），析汀州龙岩县来属。宋太平兴国五年（980年），析泉州长泰县归属漳州，时漳州属福建路，辖龙溪、漳浦、龙岩、长泰四县。唐宋时期属于漳州开发扩张时期，属地不断从闽东南一隅向北扩张挺进；元明时期的漳州属地基本无变，但由于寇乱频发，为加强对边远地区的统治和控制，共增设南靖、漳平、平和、诏安、海澄、宁洋六县，时漳州共领十县。清雍正十二年（1734年），因龙岩地区人口、经济的发展，龙岩县升级为直隶州，并割漳平、宁洋归属。龙岩虽从漳州分出去，但历史上归属漳州近千年，在经济、文化上联系紧密。漳州诸多姓氏从龙岩迁入，在民居类型上都具有土楼建筑的共性，民俗文化上也相互交融。至民国时期，漳州又析出云霄、东山、华安三县，共领十县。至2021年，漳州行政辖区包括芗城区、龙文区、龙海区、长泰区，漳浦县、云霄县、诏安县、东山县、南靖县、平和县、华安县（即四区七县）。

（二）漳州历史文化

漳州地处“闽南金三角”，自建置迄今已有1300多年的历史，是国家历史文化名城，处于国家闽南文化生态保护区的核心区，文化底蕴深厚。

漳州方言分漳州闽南话、客家话、潮汕话等。漳州话是闽南方言的一个次方言。流行于漳州所辖各县区的闽南方言（土话、本地话）都和漳州城区的方言无太大差别，用于交流基本上可以被听懂。客家话主要在漳州的南靖、平和、云霄、诏安等县的客家镇、村流行，漳州西部有客家人十几万人，使用受漳州话影响的客家语，有的为客家话、闽南话双语区。潮汕话主要在漳州的平和、诏安等县的闽粤边地少量使用。

漳州古为闽越、南越之地。汉代，以漳浦梁山为界，北属闽越会稽郡冶县，南属南越南海郡揭阳县。至隋开皇十二年（592年），南北各郡县统一并入龙溪县，今漳州境域才结束分属两郡情况。而于唐垂拱年间在泉潮间设立漳州的意义，即“控引番禺，襟喉岭表”，也道出了漳州与粤东的密切关系。历史上漳州与粤东在政治、经济、文化、人口等方面联系紧密，特别是梁山以南的云霄、诏安、东山等县，与粤东的饶平、潮州在语言、民间信仰、居住类型、风俗习惯等方面多有融通。漳州北部的龙溪县，自建置至入漳州前几百年来皆属南安郡或泉州，居住类型、风俗习惯等与泉州多类似。而漳州西部县市多为明清及前后因治乱而先后设置，如元至治二年（1322 年）“析漳州路之龙溪、龙岩和漳浦三县交界地域”而设的南靖县以及明正德十三年（1518 年）王阳明平寇后奏请设立的平和县。

自宋元以来，闽西南寇乱生发，使这里的族群和社会文化发生着剧烈的变动。元明时期，以汀州为中心的客家先民不断向闽西南、粤东、赣南地区迁移挺进，闽粤赣边区成为客家人的聚集地。而在客家人向闽西南挺进过程中，又与闽南人（福佬）产生直接或间接的冲突与融合。明清时期，客家人在汀漳潮边缘区域的加速开发，对于客家和福佬两个族群的相互关系产生了重大的影响。随着开发的深入，博平岭东西两麓成为这两个族群竞相角逐的领域，两个民系的长期接触必然会带来相互之间文化上的互涵与融合。而接触初期甚至更长一段时间内，族群间因为物质或文化资源的争夺而产生矛盾甚至矛盾激化产生武装对抗。博平岭东西两麓密集的土楼，可以说就是当年矛盾争斗的历史见证。[①] 在历史文化变迁下，至今闽西南仍存有大量的土楼建筑，而如今漳州土楼也主要分布在西部的华安、南靖、平和、诏安等县。

① 谢重光：《明代畲、客、福佬在闽西南的接触及客家势力的发展》，《漳州师范学院学报》（哲学社会科学版）2005 年第 4 期。

第二章　漳州土楼与寨堡概述

中国从南到北都分布有各式的防御性建筑。中国自古是安土重迁的农业大国，自春秋战国时期开始，防御性的城池就是自我保护的重要设施，大型防御性建筑“万里长城”成为世代抵御北方游牧民族的重要防线。在民间也留存有大量各具特色的防御性建筑，如北方有河北蔚县古堡，南方有广东碉楼、江西围屋，西南有川西碉楼，东南有福建土楼，都是有代表性的民间防御性建筑。

福建闽西北、闽西南都分布有大量大型的土堡和土楼等防御性民居建筑，而闽南沿海地区还分布有许多小身量的碉楼。山海之间又分布着与土堡、土楼相类似的防御性建筑——寨堡。它们或依山势而建，或矗于山头，或齐排于山谷，或濒于海涯，或孤立于村头，这些特色鲜明的防御性建筑是与其历史地理环境、文化环境、社会文化变迁等密切相关的。

一、漳州土楼与寨堡发展历史

唐总章二年（669 年），陈政率府兵将校“前往七闽百粤交界绥安地方，相视山原，开屯建堡，清寇患于炎荒，奠皇恩于绝域”[①]，陈政、陈元光于四境设行台屯兵，在漳州遗存多处与陈元光屯兵平乱有关的土堡山寨及其传说故事。

宋元时期特别是炎绍之乱（宋建炎，绍兴期间发生在南方的骚乱）之后，漳州社会动荡。元代，民间已有少量自筑土城。明洪武二十年（1388 年），周德兴筑福建涉海城，练兵防倭。移置卫所于要害处，筑城十六，置巡检司四十有五。[②] 汤和行视闽粤，筑城增兵，置福建沿海指挥司五，曰福宁、镇东、平海、永宁、镇海；领千户所十二，曰大金、定海、梅花、万安、莆禧、崇武、福全、金门、高浦、六鳌、铜山、玄钟。漳境领其一卫、三千户所、九巡检司。[③] 明初，官方筑建的卫所、巡检等兵防城堡渐趋完备，对漳州土堡土楼的兴建起了重要的示范作用，明代民间土城土堡也渐渐多了起来。

明清是漳州土楼与寨堡的兴盛时期，特别是明中叶以来，由于社会动荡不安，倭

① 清康熙《漳浦县志》卷一十七《艺文志》。

② 明正德《大明漳州府志》卷之二十八《兵纪》。

③《明史》卷六十七《兵》三。

寇匪患严重，在官方的鼓励和推动下，民间兴起建造土城土堡等防御性建筑的高潮，并逐渐演变出土楼建筑。《漳州府志》载："嘉靖二年，广东汀漳贼流劫漳、泉两郡，合兵战于安溪霞村，漳州通判施福、泉州卫经历葛彦俱为所获，以金赎回。"[①] 嘉靖《安溪县志》对这场寇乱的后续也有记载："嘉靖三年十月初四日，广东、汀、漳盗复来寇，御史简霄按部，檄按察佥事聂珙，督知县颜容端、柴镳、龚颖、梅春，合兵捕之，至二十四日灭于德化小尤中。"[②] 闽南数县官兵在德化小尤中"黄氏之土楼"合力剿灭山贼的故事，也收集在林希元《林次崖先生文集》中，而且可以说是首次使用"土楼"名词。[③]《海澄县志》记录明嘉靖三十五年（1556 年）进士黄文豪的《咏土楼》："倚山兮为城，斩木兮为兵，接空楼阁兮跨层层，……。"[④] 可以说是最早咏土楼的诗作。显示出土楼为大型、多层的防御性建筑的特征。

嘉靖年间，闽南漳州沿海地区的寇乱就此起彼伏，如《漳州府志》中记载："嘉靖三年，长泰知县欧典与贼新大总战于旌孝里长埔坂，丧其家兵四人；七年，北溪妖贼黄日金倡乱，知府陆金乘其未发，计擒灭之；十二年，山寇蹂躏漳泉之交，海澄沙坂人周王质率民兵与战，败之，乘胜深入，力战死；二十五年，诏安白叶洞贼陈莹玉、刘文养反，寇闽、广二省。南赣军门檄平和知县谢明德，率典史黄瑜、诏安典史陆鈇，以象湖小篆乡兵讨平之；二十六年，佛郎机番船泊浯屿，巡海道柯乔、知府卢璧、龙溪知县林松，发兵攻船不克。时漳泉月港贾人辄往贸易，官军还，通贩愈甚。总督闽浙都御史朱纨厉禁，获通贩者九十余人，行柯乔及都司卢镗，就地斩之，番船乃去；二十八年，有倭寇驾舡扬航，直抵月港安边馆，壮士陈孔志受檄往援，乘巨舰直当其冲，中炮死，倭亦随遁。漳有倭患自此始。"[⑤] 可以看出，嘉靖年间闽南山区和沿海的寇乱交替生发，而山区的匪盗寇乱自宋元以来就连续不断，不排除有土城土堡类防御性建筑存在，最迟在明嘉靖二十八年（1549 年），漳州倭患始起。明嘉靖三十年（1551 年），军门阮鹗召谕居民筑土堡为防卫计。[⑥] 大规模的民间防御性建筑土城土堡等在官方鼓励和默许下，于嘉靖三四十年间起如雨后春笋般多起来。

而在沿海地区如火如荼地建堡抗倭之前，明正统、成化年间，闽西粤东山区的寇乱就此起彼伏。明正统十四年（1449 年），邓茂七寇龙溪；明成化年间，潮州知府谢光平定大埔"山贼"谢秉宽之乱；明正德年间，闽西南山区及闽粤赣边就在王守仁的领导下，基本平定了山畲溪峒、汀漳山寇凭险据寨的寇乱，并增设平和县。自明宣德以后，闽粤流民不断向山区流聚进扰，至正德、嘉靖年间，发展成大规模的寇变，加上来自沿海的倭寇侵扰，导致闽西南地区发生较为严重的社会动乱。乾隆《南靖县志》载："正德十三年（1518 年），卢溪寇乱，巡抚王守仁讨平之。嘉靖三十八年（1559

① 清光绪《漳州府志》卷之四十七《灾祥》。
② 明嘉靖《安溪县志》卷之八《杂志类》。
③ 明林希元:《林次厓先生文集》卷三。
④ 明崇祯《海澄县志》卷十六《艺文志》。
⑤ 清光绪《漳州府志》卷四十七《灾祥》。
⑥ 清光绪《漳州府志》卷之三十《海澄县》。

年），饶寇袭城入之。”[①] 明正德二年（1507 年），汀漳农民起义，正德十二年（1517 年）冬，王守仁率三省军队进剿平息。据相关资料记载，当时山区已有一定数量的土城寨堡。可以说，漳州沿海和山区土城土堡等防御性建筑的兴建几乎是齐头并进的。如康熙版《平和县志》载：“和邑环山而处伏莽多虞，居民非土堡无以防卫，故土堡之多不可胜计。”[②] 明顾炎武编纂的《天下郡国利病书》卷九十三《城堡》曰：“漳州土堡旧时尚少，唯巡检司及人烟辏集去处，设有土城。嘉靖四十年（1561 年）以来，寇乱生发，民间树筑土城土楼日众，沿海尤多。”[③] 大型土城楼堡的建设是建立在强大的经济基础之上的，明朝是漳州海外贸易的繁盛时期，特别是明隆庆元年（1567 年），明朝政府在漳州月港的开放海禁政策，促使月港海上贸易兴起，带动了漳州地区商业经济和海外贸易的蓬勃发展。明代中叶的抗倭战争，则是漳州楼堡蓬勃发展的重要契机。

明末清初，漳州成为清军和郑氏集团争夺的战略要地，是郑成功抗清斗争的基地之一，对漳州社会经济文化产生深远影响。由于战争的破坏，漳州经济受到严重打击，迁界运动使沿海人民流离失所，沿海明代修建起来的土堡、土城多数遭到人为破坏。迁界令废除后，人民虽多回归乡里，但没有多余的财力建造大型土城、土堡，明代土城多废弃。直至今日，土楼没有成为沿海人民选择的主要民居形式。而闽西南山区自明以来至 20 世纪 80 年代，都在不断地建造土楼，并成为山区人民主要的居住形式。山海间不同的居住形式，不仅是自然与历史人文环境影响的结果，还是人们适应环境、战胜自然的必然选择。

目前漳州土楼中获国家级文物保护单位的有 28 座，省级文物保护单位 15 座，市级文物保护单位 3 座，县级文物保护单位 104 座，区级文物保护单位 1 座，文物点 271 座，总数 422 座。28 处国保中，有 23 处列入世界文化遗产。世遗土楼由三群两楼组成，分别是华安大地土楼群 3 座，南靖的田螺坑土楼群 5 座，河坑土楼群 13 座，以及南靖的和贵楼、怀远楼，共计 23 座。国保中其他 5 座为漳浦锦江楼、赵家堡的完璧楼、诒安堡的梳妆楼、平和庄上大楼和绳武楼。

2021 年，由漳州自然资源局对“非世遗”土楼进行了比较全面的普查工作。经省市专家两轮对全市域范围内的土楼建筑甄别排查后，认定漳州共有 1044 处“非世遗”土楼（非文物类）。其中，按照地区分类，诏安县 379 处，南靖县 311 处，平和县 256 处，云霄县 48 处，华安县 30 处，龙海区 7 处，长泰区 2 处，漳浦县 1 处，常山开发区 5 处，高新开发区 5 处。按照建成年代分类，明代 23 处，清代 390 处，清末民国 163 处，民国 147 处，1949~1979 年 306 处，1980 年以后 15 处。按照土楼类别分类，圆楼 483 处，方楼 537 处，其他 24 处。按照价值分类，推荐文物建筑 9 处，历史建筑 164 处，传统风貌建筑 344 处，已公布历史建筑 35 处，其他 492 处。经向市文物部门了解，目前初步排查出文物类“非世遗”土楼为 424 处，据此估算全市共有 1468 处

---

① 清乾隆《南靖县志》卷之八《杂记》。

② 清康熙巳亥年《平和县志》卷二《建置志・土堡》。

③ 明顾炎武《天下郡国利病书》卷九十三《城堡》。

“非世遗”土楼。[①] 加上 2008 年加入“世遗”的土楼 23 处，全市土楼总量为 1491 处。然而，实际数量应不止这些。如漳浦县调查的“非文物类”土楼仅 1 处，而据王文径对漳浦土楼进行实际调查后所著的《城堡与土楼》资料显示，漳浦土楼计有 155 处，其中包括圆土楼 63 处、方土楼 50 处、万字型土楼 7 处。[②] 又据漳州地方志编纂委员会办公室编纂的《漳州土楼志》概述：“漳州各种类型土楼 2150 多座，居福建省之首。”[③] 各种资料显示，2021 年进行的漳州土楼的全面调查实际上是不全面的。当然统计数据还要建立在一定的标准和规则上，如对土楼概念的理解、土楼的完整性评价标准以及调查的广度和深度等，都有可能使统计数据有所偏差。

二、漳州土楼与寨堡的概念

对于土楼的概念，学者黄汉民在《福建土楼——中国传统民居的瑰宝》中的解释是：“福建土楼特指分布在闽西和闽南地区那种适应大家族聚居、具有突出防御功能，并且采用夯土墙和木梁柱共同承重的多层的巨型居住建筑。”[④] 而他和陈立慕又在《福建土楼建筑》中拓展了土楼定义的分布区域、家族平等性和居住空间分布的特性内容，他认为：“福建土楼是主要分布在闽西、闽南和粤东北地区，具有突出防卫性能，采用夯土墙和木梁柱共同承重，居住空间沿外围线性布置，适应大家族平等聚居的巨型楼房住宅。”[⑤] 对于土楼内部居住空间是否是平等分配，似乎不是土楼概念的必要条件，何况有的土楼内部空间就是不平等分布，而且存在族长或长子分配特殊居住空间的情况，如华安的齐云楼。

珍夫在《福建土楼百问》中如是说：“福建土楼是全部采用夯土墙和木梁柱共同承重，两层以上沿线性规整分布房间的围合型建筑。”[⑥]《福建土楼》编委会在《世界遗产公约申报文化遗产：中国福建土楼》中对土楼的定义是：“土楼是分布在中国东南部的福建、江西、广东三省，以生土为主要建筑材料、生土与木结构相结合，并不同程度地使用石材的大型民居建筑。”[⑦]

对比各种土楼的定义可以看出，满足土楼建筑类型的基本条件有三个：一是以夯土为主要建筑材料，并不同程度地使用砖、石、木等其他建筑材料。因各地建材的易得性及防御性强度需要，承重外墙夯土与石材的比例不一。二是外墙为承重墙，区别于闽西北的福建土堡非承重外墙。三是具有围合型、防御性的密闭空间和据守防卫功能。多数土楼一般以大门为中轴线性分布居住空间，环形或条形布局，一楼多不开窗，二楼或三楼开小窗，三楼或四楼设瞭望窗或瞭望台，有的土楼顶层设走马道，也有的在四角设角楼，加强其防御性。当然，随着土楼成为山区人民主要的居住类型，特别是中华人民共和国成立后建的

---

① 数据来源于 2021 年 11 月 9 日《福建日报》。
② 王文径：《城堡与土楼》，漳浦县金浦新闻发展有限公司，第 5 页。
③ 漳州市地方志编纂委员会：《漳州土楼志》，中央文献出版社 2011 年版，第 1 页。
④ 黄汉民：《福建土楼——中国传统民居的瑰宝》，生活 · 读书 · 新知三联书店 2003 年版，第 112 页。
⑤ 黄汉民、陈立慕：《福建土楼建筑》，福建科技出版社 2012 年版，第 6 页。
⑥ 珍夫：《福建土楼百问》，中国言实出版社 2020 年版，第 1 页。
⑦《福建土楼》编委会：《福建土楼》，中国大百科全书出版社 2007 年版。

土楼，其防御性大大减弱。在客家民系居住的闽西地区广泛分布的生土夯土建造的土楼，一度被认为是客家民系的专利。然而，在闽南民系的沿海地区如漳州龙海、漳浦、云霄、东山、诏安等县区也分布有数量众多的土楼和寨堡建筑。它们或全夯土，或土石混建，以堡、寨、楼等冠以名。民间依土楼的形制，圆者称寨，方者呼楼，宏大者呼城。

对于寨堡的概念，学术界没有给出确切定义。清代严如熤在《三省边防备览·策略》中提到寨堡如是说："自寨堡之议行，民尽倚险结寨，平原之中亦挖濠作堡，牲畜粮米尽皆收藏其中。探有贼信，民归寨堡，凭险拒守。"可知寨堡在古代只作临时性防匪避难之用。在民间，寨、堡经常分开使用，并与区域的习惯称呼有关。在闽西南及闽南地区，一般称防御性的圆楼为寨，如漳州平和五寨乡就是因为唐宋时期此地有军寨、高寨、福寨、赤寨、罗寨五个圆寨而得名。寨，民间有楼寨和山寨之分，官方也有营寨、水寨之分。楼寨为圆形土楼形制的民居建筑，而山寨多建于地势险要的山头，一般无居住设施，常为民间临时防匪避难之用。堡，据《辞海》解释是"土筑的小城"，也即城堡，与闽南各县志中的"土城""土堡"意思相近，即含有夯土的大型防御性建筑。闽南诸多城堡即为一村，内居住成百上千人，如云霄菜埔堡、漳浦诒安堡等。有时堡即为楼堡，特指一栋楼堡建筑，如漳浦永清堡、楼仔堡，其与土楼有相似之处，以致在很多土楼或土堡的书籍中，常有混用的情况。在府县志中，城堡、土堡、土城、土楼等也经常混合在一起，作为防御性军事设施类型，如《漳州府志》卷之二十二《兵纪》中城堡关隘有石码镇城、福浒城、玉洲城、石美城、福河土堡、太平寨、长桥土城、广屿寨、天宝土楼、华封土楼、欧溪寨等[①]，但实际上它们之间仍是有区别的。古时有"一门为寨、二门为屯、三门为堡、四门为城"的说法，门的多少虽不能严格区分这些建筑的类型，但大致可以辨出其大小范围。一般情况下，楼、寨、土堡小于城堡或土城，土城、土堡、山寨的历史要比土楼、楼寨、寨堡的历史更悠久，前者属于原始的、纯防御性的军事工事，后者属于军事防御性与民居居住性相结合的民居建筑，后者多由前者演变、改造而成，是人们在特定的社会环境下的生活适应性选择。因此，是生存环境决定了人们的居住类型，又受地理环境、气候、社会文化等影响，类似的防御性建筑在闽西南与闽西北、沿海与山区产生不同的形式。而在称呼上，民间很多时候城与堡通用、楼与寨通用，如漳浦赵家堡实际上是城堡，南靖奎洋的和平寨实际上是和平土楼。本书所叙述的寨堡主要指闽南防御性建筑中土楼以外的民居建筑，包括楼寨、城堡、土堡、碉楼等建筑类型。

土楼与寨堡之间还是有较大的差异性，寨堡的防御性更强，建材上大多有石材的加入，特别是沿海地区的寨或堡，有的与早期的卫所城堡规模、形制相当。而土楼多以土、木为主，外墙承重，是适应大家族聚居的夯土建筑。沿海寨堡随着防御利用率低几乎废弃无用，而山区土楼慢慢演变成居民常住民居类型，自清代大规模兴建，并在中华人民共和国成立后又兴起一波建土楼的高潮，直至20世纪80年代渐息，因此留存及使用到现在的土楼甚多，致使外界误以为土楼是山区的产物，是闽粤赣边客家文化的产物。

---

① 沈定均：《漳州府志》卷之二十二《兵纪》，清光绪丁丑年芝山书院藏板影印本。

三、漳州土楼的类型与特点

漳州土楼是福建土楼重要的组成部分，从数量上看，是各地市中数量最多的，而从形式上看，漳州土楼的形式是最丰富的，有圆形、半圆形、方形、四角形、五角形、八卦形、雨伞形、风车辇形、交椅形、畚箕形、官帽形等，各具特色。按照刘敦桢的《中国住宅概说》，明清时期的中国住宅依形态可分为九类：圆、横长方、三合院、三合与四合院混合、窑洞、纵长方、曲屋、四合院、环形。这九种造型的中国民居中，属地上系的又有平房、半楼房、全楼房之别，其庭院又有封闭与开放之不同。此外，单栋型与组群也是不同的。土楼民居的造型种类，除了窑洞之外，上述种类基本都包括了。[①] 土楼民居系统造型丰富，规模宏大，防御性强。特定区域选择某种居住类型是由这个区域特定的地理、历史、社会文化环境等决定的，漳州土楼居住类型与该区域的历史社会环境密切相关。

漳州土楼依平面形式可分为曲线圆形系、直线矩形系、直曲线混合系三大类。曲线圆形系包括圆、椭圆、半圆三种实际造型，直线矩形系包括正方与长方形造型，直曲线混合系包括五凤楼、马蹄形楼、风车形楼等。各类均存在一些变式。漳州土楼数量最多、最常见的是直线矩形系与曲线圆形系两类，即方楼和圆楼，总体上看方楼多于圆楼。直曲线混合系的五凤楼多见于华安山区。曲线圆形系与直线矩形系的圆、方两种大造型土楼，则高度集中于闽西南交界山区的南靖、平和、诏安等县，其分布与地区的地理环境、经济联系以及移民的普遍流向性等因素有直接的关系。南靖县姓氏大多由闽西客家地区的永定、上杭等地迁来，在地理上与这些地区也相邻，社会、经济、文化联系密切，使得南靖土楼与永定土楼有较多相似之处。

在民间，人们根据地理环境、生活需要等又衍生出形态各异的变异土楼形式，如“日”字形楼、“目”字形楼、“回”字形楼、“一”字形楼、殿堂式围楼、五凤楼、府第式方楼、曲尺形楼、三合院式楼、走马楼、五角楼、六角楼、八角楼、纱帽楼、吊脚楼（后向悬空，以柱支撑）、雨伞楼、前圆后方形楼、前方后圆形楼、半月形楼、椭圆楼等，多达 30 多种。

在内部空间布局上，土楼可以分为通廊式和单元式。根据通廊的位置又可以分为内通廊式和外通廊式，内通廊式的主要特征是土楼内有公共开放的楼梯及整层互通的公共走廊，外通廊式一般在土楼的顶层、靠外墙内侧开出类似走马道的走廊，一般为加强防御而设。单元式土楼的特点是每家每户有独立的门厅和楼梯，有的开设庭院、天井等，单元之间一般不互通。另外，还有通廊、单元混合式土楼，一般一层、二层为单元式，三层或四层为通廊。通廊式土楼主要分布在闽西南山区，如南靖的书洋、梅林、奎洋、船场等漳州西部山区乡镇。单元式土楼主要分布在华安、平和、诏安等地，堪称“单元式圆楼之乡”的平和县，大多数土楼为单元式，也有单元、通廊混合式土楼。

在土楼外部空间上，有的土楼在高层会挑出多个瞭望台，或是四角突出碉楼式建

① 林嘉书：《南靖与台湾》，华星出版社 1993 年版，第 384 页。

筑，以增强其防御性。有的主楼外围依主楼形状建低于主楼的附属建筑，称护厝、护楼。一般圆形主楼建环式护楼，方形土楼建条式护楼，并形成环形、半环形、三合院或四合院形式。在南靖土楼中，对院门非常讲究，一般院门不能对着楼门，对风水位极其讲究。而在平和、诏安土楼中，多数土楼门前附带风水池。

（一）圆楼及复合圆楼的特点

圆楼在闽西南地区被人们习惯地称为圆寨。圆楼的共同特点是大门、祖堂等主要建筑都在中轴线上，两边的建筑基本对称，这与其他种类的土楼相同。多环同心圆楼外高内低，也有少数内高外低。祖堂设于楼中心正对楼大门的厅堂（又称上厅），一般进大门内侧供奉土地公，门厅二层供奉民间神明或祖先牌位。

圆楼的外墙多以厚实坚固的生土墙承重，有的一层或全部为石头垒建，还有部分为青砖垒砌。墙的厚度依层次升高而逐渐减少厚度，底层厚 1~2 米，顶层厚 0.4~0.8 米，楼层越高、直径越大的圆楼土墙也就越厚。多环同心圆楼的第二环以内的墙体多用青砖或土坯砖砌成，因为这样既可以节省空间又可以适应内部结构灵活多变的需要，同时也无须像外环那样突出防卫功能。有的土楼在主楼外围一圈建护厝、厨房、浴室等附属建筑，形成外环。

（二）方楼及复合方楼的特点

方楼数量在漳州土楼中居各种土楼类型之冠，变形也最丰富。除了传统四墙高度相等的方楼之外，还有前低后高的五凤楼、错落式方楼、殿堂式围楼、府第式方楼，以及变形的“日”字形楼、“目”字形楼、“回”字形楼、“一”字形楼、“卍”字形楼等。方形土楼按其平面布局不同，可分为内通廊式方楼、单元式方楼和变异形式方楼三种形式。[①] 方形土楼除了大小各不相同之外，其内部布局、结构由于受楼主需求、生活习惯、地理环境等不同因素的影响，也有不同程度的差异。内通廊方形土楼的楼梯一般设在四角，少数设在门厅处。有的在方楼的两侧设护厝，形成闭合或半闭合式庭院，有的在方楼前方设流水，形成闭合式的前院，护厝或庭院与主楼形成“楼包厝、厝包楼”的形式。

四、漳州寨堡及碉楼的类型与特点

漳州寨堡的类型复杂多样，在不同县市又有各自的区域特点。因寨堡在概念上就含糊不清，本书仅对土楼以外的寨堡防御性建筑进行分析，包含卫所城堡、楼寨、山寨、土城、土堡、城堡、楼堡等建筑类型。相比较而言，沿海地区的寨堡多于山区，多数是明中后期防御倭患的产物，至近现代有的几近废弃无存，多数剩残垣断壁。

在府县志中的《兵纪》或《土堡》中，寨堡多以土城、土堡、土楼、土围、城堡、寨等名词存在，说明包括土楼在内的各类型土堡建筑都属于官方控制下的军事防御性建筑，并笼统归为“土堡”系列。至少在明代，民间自筑土堡是需要向官方申报并同意后才能筑建的。由于倭寇匪盗的频繁侵扰，民间土城土堡的建设经历了从土城向“石城”

① 黄汉民：《福建土楼》，海峡文艺出版社 2013 年版，第 25 页。

的演变，有的经历多次毁坏重建的过程，如玉洲城、石美城、长桥土城、梅洲城堡等。

在九龙江北溪及西溪沿岸多见以寨、楼为名的城堡，如西溪沿岸的天宝大寨、墨溪孤星寨等，寨内街巷错综复杂，俨然一座城堡。又如北溪沿岸的沙建垂裕楼、银塘千秋楼、龙径霞楼、康山颖川楼等，虽为楼名，但实质是有多条街巷的城堡。北溪沿岸另有一种类似土楼的土堡建筑，略小于城堡，内部也有纵横街巷，土堡围墙为土石混建，或砖石垒建，有的外墙厚达 1.5 米，防御性较强，如沙建汰内全保楼，因建于一山顶，也被称为汰内兵寨，类似的还有浦南浯沧楼、丰山嘉美楼等。而在北溪下游的郭坑还有一种寨堡建筑，因墙体基本用条石垒建，也被称为石楼，其内部用青砖筑厝，有天井、回廊等，与沿海的闽南大厝格局相似，分前后厅、左右厢房，但楼高二三层，有较强的防御性。错落分布于北溪北岸的郭坑霞洲、霞贯等村社近十座类似的石楼堡，组成颇具特色的防御性石楼群建筑带。

在漳州沿海地区的龙海、漳浦、云霄、诏安、东山等县区城堡的分布比较密集，且有一村一城堡、城堡套寨堡的建筑特色，如漳浦赵家堡、诒安堡等，其内部又有完璧楼、小姐楼等防御性建筑。一村即一城堡的有云霄的下河城堡、菜埔堡、岳坑城堡，诏安的梅洲城堡、上湖城堡等。这些民间自建的城堡与沿海卫所城堡构成了明中叶以来抗倭、防匪患的重要防御体系。

另外，在闽南沿海地区还普遍存在一种非民居防御性建筑，即碉楼，民间又称炮楼、铳楼，是清末至民国时期兴起的一种瞭望兼攻守的热兵器时代的产物，一般楼高二层至四层，多砖石结构，占地面积从十几平方米到二十几平方米不等，主要建在村落首尾或大厝左右，且一般在顶层四面设瞭望窗和射击孔，平时作为仓库储物之用，冲突时作为防御警戒驻守之用，与广东开平民居碉楼有较大差异性，是闽南所特有的一种防御性建筑。值得关注的是，在闽西南山区也存在一种类似的夯土炮楼。这种炮楼比一般土楼民居要小巧得多，选址也特别讲究，一般建在溪岸或主楼左右，起瞭望和防御作用，华安县仙都镇的招山、云山等地多见，在南靖、平和等县市也有分布。

土楼虽是知名的世界文化遗产，闽南、闽西南普遍存在的一种防御性乡土建筑，但寨堡也是古代漳州民间普遍存在的一种建筑形式，与土楼、官方城堡相映生辉。漳州寨堡造型各具特色，其中方形、圆形、不规形等各具风采，有的依照山势而建，有的紧邻水边，有的则位于山顶，有的由乱石、夯土混建，有的由条石高筑，呈现出各具特色、百花齐放的特点。历经几百年岁月的洗礼，这些用石头、砖瓦、泥土垒砌的寨堡、碉楼，虽大多数为人们所遗弃，但也是漳州防御性乡土建筑文化的一个缩影。

从笔者在漳州地区的调查情况看，寨堡分布地域广，存量丰富，是闽南地区重要的建筑类型。在漳州的每个县区都分布有数量不等、特色鲜明的寨堡、土楼等防御性乡土建筑，它们是漳州历史文化、乡土文化的重要载体，应该引起关注，让更多的人了解和参与到防御性乡土建筑的保护和研究中来。加强对漳州寨堡与土楼等防御性民居建筑的调查与研究，可以填补闽南民居形式中寨堡、碉楼形式研究的空白，也在一定程度上补充和丰富福建建筑文化，具有重要的理论与实践意义。

第一部分

官方卫所城堡

第三章 漳州海防古城

漳州海岸线绵长，自古就是海防重地。宋元以来，漳州寇乱频发，除了民间自建的山寨土围之外，官方兵防四设。宋设钤辖、兵马都监、巡寨军、铺军等兵防军职，建寨驻守，并各统军士不等。《漳州府志》载："（宋）绍兴间，统制陈敏平江闽之寇，因拨六百人戍漳。绍定间，郡守江模请于朝，从本州节制。寨在城西北。"[①]可见在宋代，官方就四处建寨屯兵，以御寇乱，如葵冈寨（在漳浦葵冈山）、宁海寨（在海澄海口镇濠门）、中栅寨（在海澄中栅保）、沿海寨（在诏安）等。还有设在龙岩山区的军寨，如虎岭寨、南岭寨、大池寨等。元初，各种兵防设施有增无减，并以兵增戍诸路。军制上有总管、万户翼、万户府、千户长等官，分统各路兵马。又有巡军、弓手等，并隶巡检司。宋元军寨土寨多数已湮灭。

如今遗存下来的城寨多为明清海防城堡，特别是明以来实行卫所制度，在全国广设卫所城堡，又与巡检司、汛塘、关隘等兵防机构相辅助，构建军事防御体系，为漳州留下诸多卫所城堡遗址。《漳州府志》载："洪武三年，置漳州卫指挥使司，其属为经历、为镇抚、为千户所者五。五千户所各统百户，若镇抚。后（洪武二十一年）设镇海卫，所统亦如之。又置陆鳌、铜山、玄钟守御千户者三。成弘间，又调镇海之后千户所戍龙岩，而以漳州卫之后千户所戍南诏，此卫所始末之大较也。"[②]至今遗存的海防建筑遗址有镇海卫城堡、六鳌所城堡、铜山所城堡、悬钟所城堡、古雷巡检司城、浯屿水寨、铜山水寨等官方防御性建筑。漳州海防古城建筑历经岁月风霜，如今有的只剩残垣断墙，有的则肌理犹存、遗迹尚在，沧桑城堡见证着跌宕起伏的漳州海疆史。

一、镇海卫城

卫城始建于明洪武二十年（1387年）。据正德《漳州府志》载："城周围七百八十三丈，皆砌以乱石，城背广一丈三尺，城高二丈一尺，女墙一千六百六十，窝铺二十，东南西北分四门。"[③]现镇海卫城城墙周长约2.7千米，其中东南西北4个城门基本保存完好（见图3-1）。

①②③ 清光绪《漳州府志》卷之二十二《兵纪》。

镇海卫城位于龙海区隆教湾五星山上。镇海卫城全部采用石头砌就，依山临海，如出水蛟龙矗立于太武山下、鸿江之滨，成为漳州著名景点。卫城内文物众多，有建于明正统十三年（1448 年）的城隍庙，建于明天启二年（1622 年）保存完好的南门瓮城上的福德祠。此外，卫城中尚存清雍正四年（1726 年）所立的《义学碑记》碑等文物。在南门外半里处，还存放着多尊无头石雕罗汉。

历史上镇海卫人才辈出，明朝学者、教育家陈真晟，思想家、书法家周瑛等，便是由镇海卫走出的先贤。镇海卫原立有 10 多座牌坊，记录了镇海卫的荣耀。今位于南门口的“父子承恩”“祖孙专阃”牌坊（见图 3–2），为徐兴、徐麟而立。据清光绪《漳州府志》载：“徐麟，江都人。祖兴，洪武间累功升指挥佥事。传至文，成化间调本卫。麟，以功升指挥同知，世袭。”在镇海卫“卫学宫右”曾立有一座“理学名臣”坊，今存“名臣”坊匾残片。牌坊为陈真晟、周瑛师生立，有清光绪《漳州府志》记载：“理学名臣坊，为陈真晟、周瑛立。”

卫城既是海城又是山城，独具风格。城内山峦跌宕，民居挤挤，几百年的卫所建设，留下诸多文物古迹，沧桑古城与山海风光构成一幅壮丽美景。镇海卫城，不管是其海防历史地位，还是古城历史价值，都说明了其重要价值。镇海卫城于 2013 年列入第七批全国重点文物保护单位。

图 3–1　镇海卫城东门

图 3–2　镇海卫城“祖孙专阃”牌坊

二、六鳌城

六鳌城位于漳浦县六鳌半岛东南端的青山山腰，地理位置险要，状如“巨鳌载岳”，故名“陆鳌城”，又称六鳌城。六鳌城始建于元代，时为巡检司；明洪武二十年（1387 年）扩建，改设为千户所。《漳浦县志》载：“六鳌守御千户所，为县外障，明洪武二十二年设所，官同卫千户……原额设官军千八百九十八名。”

六鳌城依山势起伏，筑于天然岩石之上。墙全部采用长条花岗岩石砌筑，高 5~6 米，墙厚 2~3 米，周长近 2 千米。全城平面呈略显三角形的不规则形状。南面、西南面及北面筑有城门，北城门为主门，进深 10 米、面阔 4 米（见图 3–3）。门外还建有瓮城、墩台、观察台等建筑。古城榕树掩映，错落有致，有的攀援城墙，有的盘踞屋角，榕树与古城相映成趣，漫步其中，历史的沧桑扑面而来。

明嘉靖末年，戚继光、俞大猷部由浙江入闽平倭。戚家军在剿灭倭寇后，留下部分官兵驻守六鳌，这些戚家军大多为浙江义乌人，因此当地人称这里为“浙兵营”（见图 3-4）。明天启年间，荷兰殖民者到达六鳌海域进行骚扰，被我守城将士击退。

关帝庙和妈祖庙似乎是漳州沿海古城堡所必备的两大神庙。城中关帝庙建于明隆庆五年（1571 年）。妈祖庙应该建于同期，庙前的对联镌写“天绕碧水四海清平，台依鳌峰万民安乐。”古城内还有一处摩崖石刻，镌刻“嵯峨一片石，独对海中天；大地东南去，群山不敢前”，描绘出古城背靠青山、雄踞海疆的英姿。

图 3-3 六鳌古城西南门

图 3-4 六鳌城内兵营遗址

三、铜山城

铜山城位于东山岛东北隅，建于明洪武二十年（1387 年）。古城环绕狮山，依山临海，城长 1900 米、高 7 米、墙厚 3.5 米，女墙 864 垛，窝铺 16 间，窝间置大炮。城基用条石干砌垒叠而成，城墙用黏土夹以碎石夯筑。城置四门，东门曰“晨曦”（见图 3-5），西门曰“思美”，南门曰“答阳”，北门曰“拱极”。铜山城的东、南、北三面临海，形成天然的护城河，西面背靠九仙顶，与铜山水寨互为犄角。铜山古城历史上经过多次增建、重修，而民国时期又多次拆城石，用以建避风港、防波堤以及中正公园，之后仅存东门、南门两段城墙及东门月楼。1980 年和 1988 年，福建省建设委员会和东山县人民政府两次拨款修复东门两段城墙，计 600 米，并于东门城上建一座城楼。

明嘉靖四十二年（1563 年），抗倭名将戚继光驻扎于此，屡败来犯之倭寇。明天启年间，铜山乡贤陈焯率众歼来犯的倭寇。明崇祯六年（1633 年），铜山兵民协同作战，在巡抚路振飞、大帅徐一鸣的指挥下两次击溃荷兰人的骚扰。

图 3-5 东山铜山城“晨曦”门

铜山古城名胜众多（见图 3-6），城内外风动石、关帝庙、虎崆滴玉、石僧拜塔、黄道周故居、东门屿等都是著名的旅游景点。古城几经战争洗礼，如今雄风依存。

图 3-6　民国初期铜山城内的风动石与东壁书院（林南中收藏）

四、悬钟城

悬钟城位于福建省最南端的诏安湾，古城始建于明洪武二十年（1387 年）。明嘉靖四十二年（1563 年），倭寇攻陷悬钟城。次年，福建总兵俞大猷、戚继光屯兵于此，历经 20 余年终平倭患，使闽南沿海百姓得于休养生息，发展生产。明隆庆六年（1572 年）悬钟城重修，增筑瓮城 3 座，城池更具规模。清顺治十八年（1661 年）迁界后城废，康熙五十八年（1719 年），福建总督觉罗满保等人捐资重修。

悬钟城依山临海，地形优越，城墙全部以条石砌成。据民国《诏安县志》记载："明洪武二十年，江夏侯周德兴奉诏建置，周长五百五十丈，砌以条石，垣面广一丈，高二丈，女墙八百六十一，窝铺一十五，东西南北四门上各有楼，其东西二门阻海，北门通路，南门塞之，环海为壕……"几经战乱，今悬钟城尚存东、南、西 3 门，东门保存较为完整，呈瓮城式，分为内外两城门，外城仅存城墙（见图 3-7），内城门保存完好。

图 3-7　诏安悬钟城东门

在悬钟城西门果老山麓有关帝庙，建于明洪武十一年（1378 年），由门楼、拜亭、正殿等组成。据介绍，在诏安的关帝庙中，悬钟关帝庙的香火最为旺盛，相传庙里供奉的关帝神像和东山关帝庙的关帝神像是同一段木头所雕，十分灵验。

悬钟城所在的果老山，山上林木葱郁，山岩间存有明代至民国时期摩崖石刻 36

图 3-8 悬钟城内的摩崖石刻

方，有“漳州第二碑林”之誉（见图 3-8）。石刻大多为隆庆、万历年间戍城将官所题，这些石刻是人们了解明代城防制度以及漳州滨海风俗的珍贵史料。

悬钟城东南的海边山岩上，巍然屹立着悬钟城最具代表性的摩崖石刻——望洋台。岩石高约 6 米，宽约 3 米，雄奇俊挺，如屏当风。岩石上面镌刻“望洋台”3 个大字，每个字约有 1.5 米见方，字体笔力雄浑、气势磅礴，为明嘉靖五年（1526 年）福建布政司右参政蔡潮所书。

五、古雷城

古雷城位于漳浦县古雷半岛南面。古雷因“潮音时至，声如鼓雷”而得名。另说因古雷山高耸海滨，形状如螺，故称“高螺”，雅称为古雷。

明正统七年（1442 年），古雷设巡检司。明正德十一年（1516 年），修筑古雷城。明末清初，郑成功曾踞此为抗清基地，时进时退。清廷为切断郑氏部队的补给，于清顺治十八年（1661 年）下令迁界，把沿海划为弃土，古雷划属“界外”，遂遭废弃，康熙年间“复界”后为村民所居，称城内社。

古雷城呈长方形，城长约 600 米，宽约 400 米，城垣面宽约 2 米，上可骑马。古城城墙除西边稍有损毁之外，其余三面保存较好，墙上尚残存有枪眼和箭垛。古雷城北高南低，北面高约 4 米，而南面仅 2 米左右。古雷城大门设于南面，门洞高约 3 米，宽约 1.5 米。城门内侧立有明万历八年（1580 年）“古雷社永记功业”等 2 块石碑（见图 3-9）。城内北面建有玄天上帝庙，庙屋顶上的闽南剪瓷雕工艺精湛，美轮美奂。庙前为演马场，长约 20 米，宽约 12 米。

图 3-9 古雷城南门

第四章　漳州边防水寨关隘

一、铜山水寨

铜山水寨位于东山九仙山，为福建南部海疆门户和闽粤海陆交通要塞。《漳州府志》载："铜山寨，旧在井尾澳。洪武间，江夏侯周德兴所置五寨之一，以卫官领兵守之。景泰间，移铜山西门澳。"水寨建于明初，先设于井尾澳，明景泰年间水寨移至西门澳，防区范围"北自金山，以接浯屿；南自梅岭，以达广东，大约当会哨者有二。由南而哨北，则铜山会之浯屿，浯屿会之南日，南日会之小埕，小埕会之烽火，而北来者无不备矣"。戍守官兵多来自福建莆田、仙游，士兵们在这里设庙祀奉家乡的九鲤湖仙公，故称此为九仙山。

今九仙山上存20多处摩崖石刻，明嘉靖五年（1526年）福建右参政蔡潮巡海至此，题下"宧海恩波"四大字镌于崖石上，明嘉靖四十三年（1564年）戚继光率师至此抗击倭乱曾驻兵于此，清初郑成功曾屯兵于此抵御清军。现水寨位于铜山古城，为东山重要的历史文化资源（见图4–1）。

图4–1　铜山水寨水操台

二、浯屿水寨

浯屿水寨位于龙海区港尾镇浯屿岛，海岛处于九龙江出海口通向外海的航道上，水寨防区范围约为今漳州、厦门、泉州一带海岸线及金门列岛，历来为兵家必争之海防要地（见图 4–2）。明洪武二十年（1387 年）江夏侯周德兴奉旨兴建浯屿水寨，后期废弃，清代又进行了大规模整修。水寨以石块砌成，四面设城门，东、西两门筑有月城，城墙上有烽火台、瞭望台，并安放铳炮。城墙上设跑马道，城四隅各有一个水潭，有涵洞通向城外。明中后期，葡萄牙人、荷兰人曾踞浯屿，后被驱离。岛上古城墙现在只剩下几段残垣，总长约百米，残高约 6 米、厚约 2 米（见图 4–3）。

图 4–2 浯屿水寨摩崖石刻

《漳州府志》载："浯屿寨，属海澄地，在同安极南，孤悬大海中。洪武间，江夏侯所置五寨之一。左连金门，右临岐尾，水道四通。后以其孤远，移入嘉禾屿地，即今厦门。寨名仍旧。嘉靖三十七年，倭泊处浯屿，入掠兴、泉、漳、潮。事平，议复寨旧地，更以孤远罢。"岛上存清道光四年（1824 年）《浯屿新筑营房城台记》石碑，记载道光年间福建水师提督许松年在岛上西侧修筑炮台的事迹（见图 4–4）。

图 4–3 浯屿水寨寨墙

图 4–4 浯屿水寨《浯屿新筑营房城台记》碑

三、万松关隘

万松关位于龙海区榜山镇梧浦村东面的岐山与云洞岩之间，是古时通往省城的必经之路（见图 4–5）。明正统年间，郡人陈克聪在道旁种植松树，连荫十里，行人称便，故名万松岭。明万历年间，督学沈儆将此地改名堆云岭。当时，东南沿海海氛不平，地方士绅向由京城返乡的国子监祭酒林釬建议，在万松岭上建个关城以守护漳州。林釬即与时任漳州知府杜遴奇商议，决定兴建关城，然而城址建了一半，杜知府于明天启五年（1625 年）奉调离漳，隘城的建造一度停止。后来施邦曜接任漳州知府后即接手续建关城，崇祯二年（1629 年）完工。此时重返京城的林釬大为欣慰，亲笔为这座新建的关城题写“天保维垣”城匾（见图 4–6），更应邀写下《施公新筑万松关记》，勒碑立于关城大门边。

图 4–5　梧浦村万松关

图 4–6　万松关城匾“天保维垣”

万松关地势险要，其东邻瑞竹岩、江东桥，西毗龙文塔、云洞岩，南临九龙江西、北两溪交汇处，东扼进出漳州之门户，历来就是兵家必争之地。作为漳州东大门最主要的关隘，万松关见证了多次重要战役。

“麟蹲凤翔，襟带川原”，“一夫当关，万夫莫开”，万松关还有“入漳第一关”之称。万松关今尚存长约 55 米、高约 8 米的城墙和关门，城匾上镌有林釬所书“天保维垣”四字，林釬撰文的《施公新筑万松关记》残碑存于万松关边。万松关一关连五营，沿着关城两翼，原有五座石垒营堡驻兵寨，称“五营寨”，今五营寨存部分寨门及寨墙。

四、郑成功铳城

郑成功铳城位于漳州开发区石坑村临海的山岗上，始建于清顺治九年 (1652 年)，由郑亨、郑梅春兄弟镇守，传为郑成功军队的金银库，是南明时期郑成功镇守厦门的重要外围据点（见图 4–7）。铳城东、西、北三面临海，仅南面与陆地相连，与西北面的圭屿共同扼守九龙江出海口，地理位置极为险要。铳城依山而筑，平面布局呈不规则的椭圆状，南北长约 68 米，东西长约 24 米，占地面积约 2540 平方米。城墙用三合土筑成，厚约 90 厘米，夯土块与夯土层间楔以不规整的毛石，城墙顶部合土檐板，向外悬挑 50 厘米，城墙北面已毁，南门坍塌，现仅存东、西、南三面城墙，墙体布满铳眼。铳城已遭受较大程度的自然或人为的破坏，墙体残长约 120 米，残高 1.2 至 2.1 米不等，现为漳州市文物保护单位（见图 4–8）。

图 4–7 郑成功铳城老照片（林南中收藏）

图 4–8 郑成功铳城墙体

五、南炮台

南炮台位于漳州开发区石坑村屿仔尾镜台山上。炮台濒临东海，雄视海疆，与厦门岛上的胡里山炮台南北对峙，互为犄角，构成一道坚固的厦门湾海上防线，有“天南锁钥”之称（见图 4–9）。

南炮台建于清道光二十年（1840 年），为闽浙总督邓廷桢配合林则徐禁烟御海备战而筑。光绪十七年（1891 年）扩建炮台，并引进当时十分先进的德国制造的克虏伯大炮（见图 4–10），历史上南炮台屡获战功。

图 4–9 石坑村屿仔尾南炮台

图 4–10 南炮台内克虏伯大炮

炮台呈椭圆形，以三合土及条石混合夯筑，周长约 240 米，墙高 6 米，厚 1.5 米，建有城垛、枪眼、炮座，以及兵舍、弹药库等附属设施。现炮台保存较好，是漳州开发区重要的历史文化资源和爱国主义教育基地。

第二部分

漳州各县区土楼与寨堡

第五章　芗城区土楼与寨堡

芗城区是漳州政治、经济、文化中心，是国家历史文化名城漳州的主城区，也是“闽南金三角”的重要组成部分、厦漳泉同城化核心区之一。总面积253平方千米，人口54.1万（2011年）。通行闽南方言漳州话。全区辖6个街道、4个镇，即浦南镇、天宝镇、芝山镇、石亭镇，芗城区的土楼与寨堡主要分布在这四个镇。

芗城区地处九龙江西、北溪下游，并处两溪夹岸，地势平坦，水位较低，容易遭受水患。自古舟楫汇集，商贸会通，也引来匪盗结群，两岸居民多建堡防卫。史料记载，在城郊二三里地远的地方就建有近十座楼堡。如东厢岳口保望高楼、附凤保宁民楼、南厢凤林保镇南楼、洋老洲保西安新堡等，但绝大多数已毁损无迹，仅存镇南楼楼匾。目前，在漳州芗城区内尚存楼寨近20座。其中，天宝镇有天宝寨、胜陵楼、墨溪寨、万春楼、鸿湖楼、薰天楼、怀远楼、月岭昆石楼以及后园村福宁寨、塘边古寨、山美村盛春楼遗址，石亭镇有永耀楼及南山寨遗址，浦南镇有日升楼、吉洋楼、杏苑寨、浯沧楼，芝山镇有合宝楼、日升楼、金峰寨等。此外，在天宝镇五峰农场存有“金鸡寨”楼匾，石亭镇北斗村存“联辉”寨石匾于祠堂内，在城中村前锋村中还存有“镇南楼”楼匾。

芗城楼寨虽然存量不多，但是各具特色，具有方形、圆形、八卦形、雨伞形等外形，呈现出百花齐放的特点。如今这些用石头、砖瓦、泥土垒砌的古老楼寨，虽多数伤痕累累，但其朴实无华的外表依然挺立于天地之间，是闽南建筑文化的一个缩影。

一、芗城区土楼

1. 鸿湖乐居楼

鸿湖乐居楼位于天宝镇洪坑村，建于清康熙三十五年（1696年），康熙六十年（1721年）重修。土楼圆形，坐北向南，高三层，楼径35米，全楼共53间房。门额镌“鸿湖乐居”，落款为“康熙六十年季冬吉旦书”。楼中石埕为八卦形，直径约18米，石埕内设水井一口（见图5-1至图5-3）。

鸿湖乐居楼为单元式土楼，其中二层、三层为内通廊式，一楼、二楼外墙由条石夹土筑成，三楼用青砖砌成，楼门用条石砌成，拙朴浑厚。

图 5–1　鸿湖乐居航拍

图 5–2　洪坑村鸿湖乐居大门

图 5–3　鸿湖乐居内景

2. 吉洋楼

吉洋楼位于浦南镇金沙村，建于清代，坐北朝南，为圆形单环土楼（见图 5–4）。楼径约 18 米，高约 12 米。楼三层，一层至二层用花岗岩条石砌筑，三层外环墙泥土夯筑。全楼设 13 个开间，除大门通道，共有 12 个单元，每个单元均为一厅两室，各

图 5–4 金沙村吉洋楼航拍

有楼梯上下。土楼设南面、西面两门。今楼内仅剩五间，其余坍塌。

吉洋楼为外通廊式土楼，其三层靠外墙处留有一环楼外围通廊，三楼上各单元都有后门通此廊，有利于遇到攻击时全楼统一抵御，协同作战。

3. 长发楼

长发楼位于天宝镇后寨村，为方形夯土楼，坐北朝南。从楼匾看，建于清康熙六十年（1721 年）。土楼由三合土夯筑，长宽约 40 米，大门用石条砌建（见图 5–5）。现土楼仅存四面外墙，残高约 3 米，里面建筑已经坍塌。长发楼是海内外后寨沈氏宗亲寻根祭祖的地方。

图 5–5 后寨村长发楼

4. 日升楼

日升楼位于浦南镇双溪村，建于清道光年间，坐西朝东，为雨伞形土楼（见图 5–6）。楼内一层为单元式，二层为通廊式。楼径为 24 米，面积 1052 平方米，环楼设有 30 间房子，两层共 59 间。楼中大埕地面用条石铺设呈八卦状，埕内有一水井。该楼形内高外低，呈雨伞状。据楼内老人说，繁华时期土楼里人丁兴旺，居住着 180 余人，今日升楼已改建。

图 5–6 双溪村日升楼

5. 月岭楼

图 5-7　月岭村月岭楼航拍

月岭楼位于芗城区天宝镇月岭村，整个建筑群呈“国”字形，楼坐西南向东北，占地面积约 2000 平方米（见图 5-7）。该楼始建于清康熙二十九年（1690 年），建楼人为月岭韩氏祖先昆石公，因而楼中主体建筑又称昆石楼（见图 5-8）。昆石楼占地面积 175 平方米，高 11 米，由青砖砌成，屋顶瓦红，高大气派。月岭楼前有池塘，后靠天宝山，传说这是美人照镜的风水宝地。

图 5-8　月岭楼主楼昆石楼

6. 薰天楼

薰天楼又名埔里楼，位于天宝镇埔里村，坐东向西。原为土楼，明洪武元年（1368 年）孟春重修，改土楼为砖石结构。薰天楼原门额上横匾为“薰天乐胜”四字，寓意周边盛长菖蒲，因气味熏香而得名。薰天楼 1984 年重修，新置门额改为“临江望月”（见图 5-9）。

图 5-9　埔里村薰天楼

图 5-10 岱山村风柜厝

7. **岱山风柜厝**

岱山风柜厝位于南坑街道岱山村宣顶角，为岱山蒋氏长房和恒公、景明公卜居的古大厝。该建筑布局奇特，类似风柜上的漏斗，当地称为风柜厝。整个大厝呈方形，长约为 18 米，今存一层（见图 5-10）。该建筑在漳州中心城区第一批 24 处历史建筑名单中被介绍如下："黄氏古民居（实为蒋氏古民居），年代：清代。该建筑群位于下岱山村，建筑具有明显的闽南风格，合院式建筑和单体建筑均特色鲜明，且所处地段周边均为类似建筑，从空中俯瞰，产生了较强的视觉冲击，在整体上显出较强的规模和气势。"

相传华安仙都的蒋氏东阳楼便是据此样式建造，只不过东阳楼建成两层。此说如果成立，则岱山宣顶角大厝建造时间应在清嘉庆二十二年（1817 年）之前。与漳州一带祠堂建筑的风水池大多建于祠堂前不同，岱山风柜厝的风水池则设于建筑内庭，颇为奇特。

二、芗城区寨堡

（一）天宝镇

1. **天宝寨**

天宝寨又名西门寨，也称大寨，位于天宝镇大寨村。始建于明万历三十一年（1603 年），为天宝韩氏九世公韩滔倡建，清乾隆二年（1737 年）九月重修（见图 5-11）。楼寨平面呈近圆形不规则状。楼寨由石条、砖块、夯土组合砌成，占地面积达 6000 多平方米，是天宝境内面积最大的楼寨。寨内有房间 108 间，辟东、西、南三门，楼墙厚 1.5 米（见图 5-12）。南门门额镌刻"天宝寨"，落款"韩斌书"（见图 5-13）。韩斌，大寨人，清雍正十年（1732 年）壬子科武举人。东门门匾"璧星辉"（见图 5-14），西门门额无题款。

历史上天宝寨曾经历过太平军的围攻，以及周边土匪的多次骚扰，然而楼寨均安然无恙，固若金汤。天宝寨犹如一个小社会，寨内南门大埕有显应宫，内供奉观音、佛祖、唐昭德英烈显应协佑王韩器、宋赵棠显化将军、保生大帝等。天宝寨人丁兴旺，目前寨中仍居住着韩氏后裔。

图 5–11　天宝镇大寨村天宝寨

图 5–12　天宝寨内街民居

图 5–13　天宝寨门匾

图 5–14　天宝寨东门“璧星辉”

2. 墨溪寨

墨溪寨又名孤星寨，位于芗城区天宝镇墨溪村，建于明末清初（见图 5–15）。坐北向南，高三层。平面呈方形，长 73 米、宽 65 米、高约 8 米。寨墙厚 1.5 米，由花岗岩条石砌成。墨溪寨犹如一座小城，寨城设两门（见图 5–16、图 5–17），南门门额匾镌刻“墨溪古胜”四字，西门门额匾镌刻“西成”两字，落款为“丁丑（1705 年）仲秋麦村盼书”。戴盼，字子质，墨溪村人，康熙甲戌年（1694 年）进士，河北长垣县令，是为南靖进士庄亨阳的老师及岳父。

图 5–15　墨溪村墨溪寨航拍

南门与西门的门楼为寨庙，南楼庙祀关帝，西楼庙祀寨内元帅。寨内有二直三横五条街道，现仍居住 20 多户戴氏后裔。

图 5-16 墨溪寨南门

图 5-17 墨溪寨西门

3. 胜陵楼

胜陵楼位于山美村，始建于明崇祯四年（1631 年），清康熙辛未年（1691 年）重修（见图 5-18）。该楼坐西朝东，呈方形状，东、西设两个寨门。楼南北长 56 米，东西长 49 米，高约 7 米。楼墙底层为花岗石条砌建，上面用三合土舂筑。楼寨四角建有碉楼。东门门额镌“锦里潜鳞”，落款为“东铺陈严书”（见图 5-19）；西门门额镌“胜陵楼”三字。寨楼原有护寨河环绕，今残存部分河道。

图 5-18 山美村胜陵楼航拍

图 5-19 胜陵楼东门

4. 福宁寨遗址

福宁寨原位于天宝镇后园村，始建于明末清初，因其为后园陈氏六房所建，又称“六房寨”。福宁寨原为圆形两层，下层以花岗石砌建，二层以三合土夯筑。墙厚1.2米。楼内设有三门，大门朝南，门额镌刻“福宁寨”三字。原寨共有厅房96间，二楼设有枪眼多处，以供瞭望与防卫。

福宁寨清末毁于与太平军之战，今只遗故址。清军收复漳州后，为了褒扬福宁寨百姓对太平军的抵抗，清廷钦赐福宁寨为“忠义乡”，寨内设有“忠义堂”。

5. 万春楼

万春楼位于路边村，始建时间无记载，清康熙丁酉年（1717年）重修。楼坐北向南，呈近四方形，为砖石结构（见图5–20、图5–21）。

图5–20　路边村万春楼

图5–21　万春楼楼匾

（二）浦南镇

1. 杏苑寨

杏苑寨位于后林村，始建时间无记载。该寨坐东朝西，为长方形，面积近2000平方米。寨设西、南两门，寨墙由条石砌筑，墙厚近2米。寨内由高及低分设三条街道，街道由条石铺就，两边房屋整齐划一，从空中俯瞰十分壮观（见图5–22）。

图5–22　后林村杏苑寨

2. 浯沧楼

浯沧楼位于浯沧村（见图 5–23），为方形楼堡。原外墙为石墙夹夯土垒筑，厚达 1.5 米左右，现多被改建为单层石条。二楼为红砖，内墙为夯土或土块筑成。除环筑楼巷之外，内有一街四巷（见图 5–24），64 间厅房，呈条型排布，曾经住好几百人。楼体外围墙稍做了修复，内部破损严重。

图 5–23 浯沧村航拍

图 5–24 浯沧楼内直街

（三）芝山镇

1. 合宝楼

合宝楼又称康山大寨，位于芗城区芝山镇康山村（见图 5–25）。始建于明正德五年（1510 年），明万历四十四年（1616 年）重修。占地面积约 3000 平方米，正门朝西（见图 5–26），北面另起一小门。城墙底座采用长条花岗岩石砌筑，上方为三合土墙，墙厚 2 米。楼内四角置有碉楼。正门上方石碑镌刻“合宝楼”三字，落款“万历丙辰年夏月吉日”。合宝楼内有林曾公官厅及两座林氏小宗及“康山西义学”石碑等文物。

图 5–25 康山村合宝楼航拍（拆迁前）

图 5–26 合宝楼正门

2. **日升楼**

日升楼位于渡头村，建于清康熙六十一年（1722 年），坐北向南，平面呈长方形。楼墙为下石上砖，高为二层，约 13 米（见图 5-27）。门额镌刻“日升楼”三字（见图 5-28）。楼内存雍正二年（1724 年）族人陈珩撰文的《日升楼记》石碑。

图 5-27　芝山镇渡头村日升楼

图 5-28　日升楼楼匾

3. **金峰寨**

金峰寨位于金峰村，建于清初，坐北朝南，面积为 2400 多平方米，属砖石混合结构（见图 5-29）。楼设三门，共两层，一层由花岗条石垒砌，二层为灰砖砌筑。金峰寨呈长方形，两头翘起，人称“龙船寨”。

（四）石亭镇

永耀楼位于南山村，始建时间失载。楼设两层，楼墙采用花岗条石垒砌，楼径约为 35 米。今存大门及数间残房（见图 5-30）。南山村还有龙福楼、南山寨等楼寨，现均废弃。

图 5-29　金峰村金峰寨

图 5-30　南山村永耀楼大门

第六章 龙文区土楼与寨堡

龙文区是漳州四个市辖区之一，1996年5月31日经国务院批准，1997年1月正式成立。全区总面积126平方千米，辖5个街道（蓝田、步文、碧湖、朝阳、景山）、1个镇（郭坑）、1个省级开发区（蓝田经济开发区）。龙文区地处九龙江下游冲积平原，区内水网稠密，南临九龙江西溪，九龙江北溪由西向东、九十九湾由北向南贯穿全境。境内拥有“闽南第一碑林”之称的国家4A级景区云洞岩、环境清幽的瑞竹岩、传说动人的承泽楼、古老的扶摇关帝庙等文化古迹，是龙文区重要的人文景观。

一、龙文区土楼

滋水楼是龙文区唯一仅存的土楼，位于郭坑镇洛滨村。建筑时间不详，从建筑材质及风貌判断，应为明末清初。滋水楼为两层方形，边长约30米，占地面积约900平方米。土楼外围楼墙下方由条石垒砌，上方夯土筑成，残高约7米，上方置有枪孔。正门楼匾镌刻“滋水楼”三字（见图6-1、图6-2）。据当地人回忆，土楼原有36个房间，一楼大埕中央有一口水井，可供楼内人饮用。土楼原居住陈姓人家，1960年漳州特大水灾时楼内建筑被毁，现已无人居住。

图6-1　洛滨村滋水楼航拍

图6-2　滋水楼正门

二、龙文区寨堡

（一）石楼

1. 景良楼

景良楼位于郭坑镇霞洲社，始建于清乾隆己卯年（1759 年），为三层双环“回”形石楼建筑（见图 6-3、图 6-4）。楼内共设房厅 100 多间，占地面积达 11 亩，建筑面积约 8 亩，石楼四周墙体为砖石垒筑，墙体置枪口和瞭望孔。因临九龙江北坝，地势较低，常遭水灾。现楼体基本坍塌，仅存三层大门楼、“珠环”与“鼎峙”内环门匾以及内环三层院落套间一座。楼内中间为黄氏宗祠“恪遵堂”，石雕精美，保存完好。2000 年 6 月，景良楼入选龙文区文物保护单位。

图 6-3　霞洲社景良楼航拍

图 6-4　景良楼楼匾

景良楼原与安泰楼、岸脚楼、仰凤楼、二厝楼、四楼、后楼组成霞洲石楼建筑群，这七座石楼大厝是霞洲黄氏族人建于清康熙至嘉庆年间。楼群背依九龙江北溪，面朝群山，背对江水，坐南朝北，楼群按“北斗七星”布局而建，俗称“七星坠地”。七楼于 1960 年的“六九”特大水灾中或毁或损，今仅存景良楼、仰凤楼等部分建筑。

2. 仰凤楼

仰凤楼位于郭坑镇霞洲社，建于清嘉庆丁卯年（1807 年）。楼为两层单环“回”形式，占地面积 900 平方米。建筑外墙一层为石条铺成，上层为砖土，中有天井。前侧大门两侧设枪眼。主楼墙体保存尚好，外环护厝已毁。大门上方书“仰凤楼”石匾。全楼由于年久失修，后座建筑未及时修缮而损毁严重。至 2007 年仍有老人居住，建筑总体布局和结构仍存（见图 6-5）。

图 6-5　仰凤楼侧影

图 6–6 霞贯村阅汪楼

3. **阅汪楼**

阅汪楼位于郭坑镇口社霞贯村，建于清康熙三十九年（1700 年），建筑平面呈“回”字形，高两层，平面长 14.8 米、宽 15.2 米，占地面积约 300 平方米。楼正面朝南，门匾上镌书“阅汪楼”三字（见图 6–6）。相传，阅汪楼为霞贯林氏十四世林诸永所建，“阅汪”是指石楼面朝九龙江北溪，此处江面宽阔，可于楼上品江阅水。

4. **曜星楼**

曜星楼位于郭坑镇霞贯社林氏祠堂边，建于清乾隆元年（1736 年），为方形两层石楼，楼前设庭院及门楼（见图 6–7、图 6–8）。主楼建筑平面呈“回”字形，石楼长 21 米，宽 18 米，占地面积 378 平方米。主楼上下两层共有 28 间房，楼前有宽阔的红砖埕，还有山门、围墙和庭院，主楼两边有护厝。大门门匾镌“曜星楼”三字，落款“乾隆丙辰春仲阳宣”。门楼上悬挂“贡元”匾，相传该楼为霞贯林氏十八世林敏斋所建。

图 6–7 霞贯社曜星楼

图 6–8 曜星楼大门

5. **日升楼**

日升楼位于郭坑镇霞贯社尾，建于清乾隆十三年（1748 年），为方形两层楼，长 21 米、宽 21.9 米，占地面积 460 平方米，全楼共设 28 个房间（见图 6–9、图 6–10）。楼主林源泉经营海运发家，取楼名“日升楼”，寓意生意兴隆，日日进财。

图 6-9　霞贯社日升楼

图 6-10　日升楼楼匾

6. **承泽楼**

承泽楼俗称“小姐楼”，位于郭坑镇东溪农场，建于清乾隆八年（1743 年），建筑结构为“回”字形，建筑正面朝南，主楼由石条砌成，两边置厢房，中间天井呈正方形（见图 6-11）。东、北、西三面建有护厝，东、西两边的护厝与主楼正面之间置拱券边门，将主楼与护厝连成一体。

承泽楼楼匾由清康熙年间进士徐登甲所书，楼匾上款为“乾隆八年畅月”，即书于 1743 年 11 月，下款刻“徐登甲书”。徐登甲，字仲升，南靖县人，清康熙四十五年（1706 年）登进士第，官至福山县知县、海州知州等，回乡后受聘漳州丹霞书院教学，在地方享有声誉。

图 6-11　东溪农场承泽楼

7. 蓝田古石楼

蓝田古石楼位于蓝田镇蓝田社，建于明崇祯年间（1628~1644 年）。石楼平面呈“风吹辇”（风车）形，墙体全部由花岗岩条石垒砌而成，楼长 55 米、宽 48 米，墙厚 1.5 米，总面积约 2600 平方米。现存建筑墙残高 5.7 米、厚 1.5 米，门高 2.5 米、宽 1.5 米。寨堡设有西门、南门两个楼门，南门门额“溪山日丽”，西门门额“井里春深”，为明崇祯四年（1631 年）吏部主事陈天定所题（见图 6–12、图 6–13）。蓝田古石楼于 1992 年 10 月被公布为龙海县第三批县级文物保护单位，2000 年 6 月 1 日再次被龙文区确认为区文物保护单位。

图 6–12 蓝田古石楼西门

图 6–13 蓝田古石楼南门

（二）山寨

1. 镇安寨

镇安寨位于郭坑镇扶摇村九龙江北溪江岸边瑶山山顶，始建于明代（见图 6–14）。山寨平面呈船形，墙体为三合土夯筑，寨墙周长 300 多米，面积达 5000 多平方米。镇安寨开有三门，正门朝南，门高约 2 米、宽约 1 米，门额镌“镇安寨”。今仅存部分寨墙。寨内及瑶山下各建有一座关帝庙。1987 年扶摇关帝庙被列为龙海县文物保护单位，2000 年被重新定为龙文区文物保护单位，2003 年镇安寨与扶摇关帝庙及瑶山山麓上的 13 座陶窑遗址合并为瑶山风景区，2009 年入选福建省第七批文物保护单位。

相传，镇安寨原居住有许姓和林姓人家。因为地处九龙江岸边，易受匪盗骚扰，村人便建起山寨。镇安寨雄踞九龙江北溪江岸小山坡上，四周视野开阔。历经风雨沧桑，残存的山门及三合土墙体虽已残破不堪，但依然可见当年城堡的雄壮。

图 6-14　扶摇村镇安寨

2. 洞仔岩寨

洞仔岩寨位于蓝田镇蔡坂村云洞岩山上（见图 6-15）。洞仔岩又称云洞岩，山上丹霞岩穴胜境，有“闽南第一洞天”之称。山洞中的自然屏障成为古时军事防御的坚固堡垒，有“一夫当关，万夫莫开”之险。今洞仔岩上尚存多处山洞寨遗址，即为当时军事堡垒，也是紧急时山下村民避难之处。

图 6-15　蔡坂村洞仔岩寨

（三）城堡

1. 釜山城

釜山城也称“长桥城”，位于朝阳镇桥头村楼内社，为明万历年间南京礼部尚书林士章所建。据清光绪三年《漳州府志》卷二十一《兵纪》中“城堡关隘”所载：“长桥土城，在城北十里。明尚书林士章筑。”明万历九年（1581 年）林士章辞官归乡，卜居于郡北之长桥，便着手建造该城，至万历二十一年（1593 年）建成，工程前后历时 13 年。2000 年 6 月，釜山城的“桥头古城墙”被列为龙文区文物保护单位。

釜山城原有城墙周长千余米，东西直径约 290 米，南北直径约 220 米，城内成椭圆形，面积约有 5 万平方米。釜山城设四门：正门朝南，名曰“迎台门”（见图 6–16）；西面辅门，名“孚兖门”；北边、东边两道门都被堵了起来，称“虚门”。釜山城墙高 4 米多，墙厚 1 米多，城墙上设有跑马道。釜山城历经 400 余载，几经损毁，现余“迎台门”、“孚兖门”以及一段约 200 米的城墙及古榕树“根瀑”奇观（见图 6–17）。

图 6–16　釜山城迎台门

图 6–17　釜山城古榕树“根瀑”奇观

2. 洞口堡

洞口堡位于蓝田村洞口社（见图 6–18）。据介绍，洞口堡原范围约十亩，四周设围墙，墙高 4 米多，堡设东、西、南三门，正门朝南，背靠鹤壁山。今堡已毁。洞口社为林氏居住地，明代东阁大学士、尚书林釬便是洞口人。20 世纪 70 年代，城门及墙陆续被拆除，原堡内建筑林氏宗祠、林釬墓园和明代“林文穆公里门”牌坊尚存。

图 6–18　洞口堡东门（已拆）

第七章　漳州台商区土楼与寨堡

漳州台商投资区位于漳州东部，是漳州较早建立的经济开发区，处于漳州、厦门的连接地带，南临九龙江入海口。2012 年，国务院正式批复设立漳州台商投资区。投资区所辖角美镇在 2016 年全国综合实力千强镇中排名第 59，在 2019 年全国综合实力千强镇中排名第 49。漳州台商投资区由角美、石美、东美组成，历史上曾分属泉州府同安县、漳州府海澄县、龙溪县。因处于重要海防区，自宋明以来建有多处海防性土楼及寨堡建筑，后来由于经济开发，大多毁损无迹，有的仅存门楼残墙。

一、台商区土楼

1. 延庆楼

延庆楼位于角美镇田里村龙屿社，建于清代。延庆楼坐西朝东，外墙底座由条石垒砌，上方由大砖和黏土构成。楼设前后两门，大门和西门均有近一米厚的石墙和双重厚门（见图 7–1、图 7–2）。内环正门镌“延庆楼”，左上款为“亿万斯年”印章，下款“文章萼国”与“沧江余尺”章。后门匾镌“西辉”，边款为“克昌”与“厥后”章。延庆楼为余姓所建，原有三层，后因遭受火灾，现仅存一层。

图 7–1　田里村延庆楼

图 7–2 延庆楼内楼正面

据了解，以前楼里居住着10多户共50多人，现在已经没人居住。田里村满美社毛氏与日本冲绳毛氏也有着密切的关系，1982年和2014年，“日本毛氏国鼎会”曾两次到田里村开展寻根谒祖活动。

2. 东山村石楼

东山村石楼位于角美镇东山村下路角，建筑年代待考。该楼坐南向北，为方形石楼，四周以条石横直相叠串砌垒建，墙高8米，墙基宽1.5米，墙顶宽0.8米（见图7–3）。楼高两层，石墙内侧一周附建楼房，中间为天井，建筑面积900平方米。据介绍，石楼为防盗而建，里面原设有水牢。

图 7–3 东山村石楼

二、台商区城堡

1. 倒马城

倒马城位于角美镇铺透村与长泰县的交界处，相传始建于唐代。据《重纂福建通志》记载：“六朝以来，戍闽者屯兵于龙溪，阻江为界，插柳为营。”营，为当时驻兵的营地，如今唐营已经淹没于历史的尘埃之中，唯铺透村山岭上存隘口遗址。隘口的两边都是陡峭险峻的大山，建有数间房屋，其中一座房屋的外墙上用红色的铁漆写着“倒马城”三个大字，是为印记。

2. 玉江城

玉江城位于角美镇玉江村，始建于明嘉靖元年（1522年），是村民为防倭患及海盗骚扰而建，由当时玉洲社（玉江古称玉洲）族长郭膺昂倡议，并组织村民开挖防城河沟并以条石筑城。明万历年间，玉江城因海水涨潮而倒塌。清顺治二年（1645 年）时任都司的郭之奇召集村民再次修筑，清康熙二年（1663 年）被海寇所毁，今存西汀城墙一段及新修的水门（见图 7-4、图 7-5）。

图 7-4　玉江城东门（水门）

图 7-5　玉江城西门

3. 石美城

石美城位于角美镇石美村。城始建于明正统年间，当时设有城长。明万历年间重修为石城。明崇祯初，漳州府在石美城设海防馆，海防馆是漳州府海防同知（五品官，知府副职）的专门衙署，漳州府的海防同知相当于漳州府的海上事务总管，一度参与月港征税事宜。

石美城原设东门、西门、南门、北门四个门，城内街肆大厝鳞次栉比，水道纵横，今存开漳圣王庙、慈济宫、关帝庙以及黄氏“迪光堂”、徐氏“慤诚堂”、陈氏“宝镜堂”、“格承堂”等寺庙和祠堂建筑，记录了城内当年的繁华。

石美城规模宏大，后来居住在城里的人们用各自居住的城门命名为社名。东门有一处坑涧长满篁竹，又名篁坑社，西门雅称西昆，北门由厚山、后埔、徐厝、朱厝等组成，南门独立成行政村。

4. 白礁城

白礁城又称“礁城”，位于角美镇白礁村。白礁城为王姓居住地，城内存白礁慈济宫和王氏家庙等。白礁先民们为防海匪与外盗，特在村落四周修筑城墙，周长约 1.5 千米，东、西、南、北各设城门，内设营房、戏台等。相传清初白礁城墙石被郑氏部队拆去加固海澄县城，今保留有四城门名称及部分城墙遗址。

第八章　漳州高新区土楼与寨堡

漳州高新技术产业开发区，地处九龙江西溪南岸平原，是全国有名的“花果之乡”、“中国水仙花之乡”，也是漳州四大经济增长极之一。2012 年 11 月经福建省政府批准设立，2013 年 12 月经国务院批准，该开发区升级为国家级高新技术产业开发区。2014 年 9 月，开发区党工委、管委会挂牌成立。2019 年 8 月，实行“区地合一”，委托管理体制机制改革创新。开发区总面积 245 平方千米，辖九湖、靖城 2 个乡镇，靖圆镇村管理办公室 1 个，69 个村（居、场），人口约 20 万。高新区总体定位为：两岸高新技术合作的重点区，闽南文化生态产业的示范区，产城融合宜居宜业的新城区。

一、高新区土楼

1. 古县土楼

古县土楼位于颜厝镇古县村庵前社，为方形土楼，坐北朝南，分内外楼。内楼建于明代，外楼建于清雍正至乾隆年间（见图 8–1、图 8–2）。外楼长 56.9 米，宽 44.5 米，高 10.5 米，占地面积 2532 平方米。内楼长 34 米，宽 21.8 米，高 6 米多，占地 741 平方米。

图 8–1　古县土楼正门

图 8–2　古县土楼内楼

清乾隆五十二年（1787 年）郑玉振所撰《重修外楼记》记载：“旧楼有房十四，外楼为房三十一，房之半者四，房如旧楼架楹而三其级……”，内楼两层共 27 间，外楼三层共 107 间，全楼合计有 134 间房。

2. 方汉鸠宗楼

方汉鸠宗楼位于颜厝镇马洲村，又称马洲楼。土楼呈长方形，坐北向南，正门朝南，门额有“方汉鸠宗”四字，西侧门门匾为“丸封”（见图 8–3、图 8–4）。土楼外墙长 45 米，宽 35 米，高 6 米，墙基厚 2 米，面积 1500 多平方米。土楼四角各建有碉楼，绕墙面以旋转方式分布，呈风车形。该楼楼顶已坍塌，内部荒弃。土楼外墙采用三合土夯筑，四周墙体基本保存完好。

图 8–3　方汉鸠宗楼大门

图 8–4　方汉鸠宗楼楼匾

3. 吉阳楼

吉阳楼位于颜厝镇园中村，建于清乾隆戊子年（1768 年），至今已有 200 多年历史，现存外墙墙体及大门。吉阳楼为圆形土楼，西北向，高 12 米，直径 22 米，占地面积 500 平方米（见图 8–5）。

图 8–5　园中村吉阳楼

吉阳楼是为纪念半林（鹳林）社蔡氏祖先发源地而命名。相传在明代后期，江西吉水县有一户蔡氏，其祖家犯科遭朝廷抄家，当时蔡氏两兄弟（兄蔡松涧、弟蔡松谷）刚好在福建漳州经商，得知祖家被抄，回乡不得，为避免受害，便逃命到鹳林开基繁衍。后经几代人的努力，发展迅速，子孙兴旺，为使后代不忘祖德，不忘根源，把兴建的一圆一方两土楼，以吉水县名分别命名为"吉阳楼"与"吉水楼"，让子孙后代记住祖宗来自江西省吉水县后溪村，永记祖德宗功。

图 8-6　上溪村吉水楼

4. 吉水楼

吉水楼位于颜厝镇上溪村，建于乾隆戊子年（1768 年），为吉阳楼的兄弟楼。楼呈四方形，楼长 22 米，宽 21 米，高 6.2 米，楼墙厚 1.5 米，楼内房子共 4 排 14 间。上溪、园中两社蔡氏先祖是同胞兄弟，哥哥开基于园中村，弟弟开基于上溪村，上溪村方形土楼名为"吉水楼"，水在地，寓意为地，为小，天圆地方，取珠联璧合之意，表示兄弟后世子孙不忘根本，同气连枝（见图 8-6）。

二、高新区寨堡

1. 尚寨

尚寨古称上寨，位于靖城龙山溪与荆江交汇处的双溪口岸边。寨内面积 18 亩，四周用石块砌一道 416 米长、2 米宽、3 米高的圆形寨墙。寨设北门、东门、南门三个大门，均用条石砌成，北门为正大门，石匾上镶刻有"尚寨"两个大字，落款为清乾隆乙巳年（1785 年）（见图 8-7）。

图 8-7　尚寨寨门

寨门口原是通往西溪的港道，古时水运发达，村里港道四通，尚寨依港道自成天然防御护村河，由木栅栏围筑。如今由于港道淤塞，木栅栏腐朽无迹，已无法看出寨子的原型。寨墙内正门建有吴氏大宗祠"至德堂"一座。尚寨大宗祠初建于清康熙三年（1664 年），位于大社东隅，俗称寨内。宗祠正面朝五凤山（笔架尖），背靠麒麟峰，其地理三面临水、一面靠社，俗称"落水莲花"地形。

2. 郑店砖石楼

郑店位于靖城九龙江南岸，古时商贸活跃，也容易引来匪盗。郑店村中有多栋砖石寨楼，一层条石砌筑，二层砖砌，墙厚约一米，大门两边设射击孔，具有较强的防御性（见图 8-8、图 8-9）。

图 8-8　郑店村砖石楼

图 8-9　郑店村砖石楼大门旁宝葫芦状射击孔

三、已废楼堡

1. 辇宝楼

辇宝楼位于高新区靖城镇廊前村，是一座合围式方形大楼，今已无存（见图 8-10、图 8-11）。

该楼建于清末，原楼内居住陈姓族人，其先祖陈熊于清代携家人从九湖镇田中央村迁居到此。2019 年，辇宝楼因建金峰大桥而被拆除。辇宝楼坐北朝南，平面呈“口”字造型。主厝长 20.6 米，宽 19.93 米，高 9 米。上下两层楼共设有 15 间房，建筑面积为 821 平方米。南侧设有大门，东西分别设两个侧门，为内通廊式，大楼中设有院埕，顶层为防盗用的轩室屋廊，整个大楼具有较强的防御功能。

图 8-10　廊前村辇宝楼（笔者于 2014 年摄）

图 8-11　辇宝楼内景

2. 仰山楼

仰山楼位于高新区靖城镇廨前村，是一座合围式方形大楼，今已无存。仰山楼楼匾存于正峰寺中，从楼匾上看，仰山楼建于乾隆元年（1736 年）（见图 8–12）。仰山楼原位于村中宋代古井旁，21 世纪初还存有残墙，后毁坏。仰山楼楼匾上款和下款印文刻有“学楼”字样，传为村中另一处义学之楼。据说在九龙江对岸的渡头村也有一座楼堡，与仰山楼同时建成，神奇的是清末某天两楼同一天失火，仰山楼烧毁后没有重修而荒废，对岸的楼堡经过重修继续用来居住。

3. 太平保

在靖城镇径里村存有“太平保”寨匾，疑为太平保楼寨门匾遗存（见图 8–13）。

另外，靖城镇草前村亦有寨楼遗址，寨墙被推倒成为菜园，遗留有一段护城河。遗址内有一庵庙，名为寨内庵，主祀谢府元帅，为浮山十三庵门总庙。

图 8–12 仰山楼楼匾

图 8–13 太平保楼寨门匾遗存

4. 龟山寨

龟山寨位于高新区靖城镇武林村，为武林高氏先人夯土垒筑。龟山山体虽然海拔只有 50 余米，但在方圆几公里范围内就数这个山头最高，成为周围多个村落避难的场所。

图 8–14 龟山寨残墙

高氏先人在龟山山顶筑楼成寨，攻可远观敌情、居高临下射击，守可依坚固寨墙。寨内有几个足球场那么大，可容上千人，寨内有水井。新中国成立后，空军部队曾经把这里作为航空地标，建有塔标，后倾废。现寨体仅存一小段残墙，每年村里游神赛会还会抬神绕寨（见图 8–14）。

第九章　龙海区土楼与寨堡

龙海区位于漳州东部沿海九龙江出海口，西与漳州主城区毗邻，东临厦门湾区，与厦门市海沧区、思明区相望，东南濒临台湾海峡，北和芗城区、龙文区、长泰区相接，西与南靖县、平和县毗邻，南与漳浦县相接，城区石码至漳州主城区20公里。龙海，本龙溪旧地。明嘉靖四十五年（1566年），析龙溪县一都至九都及二十八都之五图和漳浦县二十三都之九图，设置海澄县。1960年，国务院批准龙溪县与海澄县合并为龙海县。2021年，国务院批准撤销县级龙海市，设立漳州龙海区。

龙海区地处九龙江下游冲积平原，地势为北部、西部、南部三面环山，中部为平原，东南部临海。截至2021年12月，龙海区下辖1个街道、11个镇、2个乡，即石码街道、海澄镇、角美镇、白水镇、浮宫镇、程溪镇、港尾镇、九湖镇、颜厝镇、榜山镇、紫泥镇、东园镇、东泗乡、隆教畲族乡，另有5个农林场，即双第华侨农场、九龙岭林场、程溪农场、漳州江东良种场、林下林场，共239个村（含实际管辖龙文区1个村）、59个社区居委会，[①]其中角美、港尾、颜厝、九湖等镇因设经济开发区而存在分割管理的情况，书中不再对划区进行细分。

龙溪县，始置于南朝梁武帝大同六年（540年），是漳州建置较早的县治之一，旧属泉州，唐开元二十九年（741年）属漳州。唐贞元二年（786年），漳州州治由漳浦徙龙溪县桂林村，即今漳州芗城。自此，龙溪成为漳州政治、经济的中心。龙溪县始置时，县地包括今龙海区大部分、南靖大部分、芗城区、龙文区、华安县、台商投资区全境和厦门的海沧以及闽西一带。隋开皇十二年（592年），绥安、兰水两县并入龙溪县，辖地包括今漳州和厦门的海沧及闽西一带，比现在的漳州范围还要大。可以说龙溪历史之厚重是漳州其他县区所无法比拟的，但在不断被新置的县区分割后而被撤并，于1960年退出历史的舞台。

明嘉靖四十五年（1566年）析置海澄县时，正是东南沿海倭寇侵扰最剧烈、频繁的时期，“海澄”之意，即期望海氛澄清。境域为“广八十里，袤五十里。东至镇海卫海门巡检司六十五里，西至祖山铺、石码一十五里，南至南靖、漳浦交界马口桥四十里，北

① 参见 http://www.longhai.gov.cn/cms/html/lhsrmzf/xzqh/index.html。

隔大江至青礁一十里，又至同安县界新垵一十里”①，基本包括了现龙海区的大部分地区。

《海澄县志》载：“澄本龙溪八九都地，旧名月港，唐宋以来为海滨一大聚落。明正德间，豪民私造巨舶扬帆外国交易射利，因而诱寇内讧，法绳不能止。”②海澄月港自明正德间就兴起民间海外贸易，至明嘉靖年间诱发倭寇侵城，官方不得不加强政治、经济和军防的多重控制，置海澄县以加强行政控制，设靖海馆、督饷馆、海防同知等机构增加税收和军事控制，最后不得不在明隆庆年间开海，使民间私人贸易转变为可控的官方海外贸易，打破了封闭几百年的海门。而海澄控制九龙江入海口、镇厦门湾海门的战略地位使得其成为兵家必争之地。明中后期的抗倭战争及清初的清郑拉锯战都在此进行过激烈的争斗。在明初厦门湾沿海及岛屿建立起 15 座巡检司及卫所军防体系。而明嘉靖年倭寇猖獗时，官方的军防体系也难挡长期的倭患，不得不鼓励民间自建土堡以自卫，因而在龙海留下较多明代遗存的土楼与寨堡。

土楼是闽粤先民为防匪防盗、聚族而居而造的防御性建筑，主要分布于闽西南及粤东山区。作为世界遗产的闽西南土楼早已闻名中外，而位于沿海地区的龙海也存有一些土楼，历史上特别是明中期以来，龙海地区曾是土城土堡的密集建筑区，《漳州府志·海澄县》记载：“嘉靖三十年，军门阮鹗召谕居民筑土堡为防卫计。”③大规模的民间防御性建筑如土城土堡等在官方鼓励和默许下，在海澄如春笋般多起来，而如今仅残存约 20 座，包括多座土城与寨堡。

龙海土楼与寨堡大多建造于明清时期，土楼体型相对较小，内部设置大多为单元式，土石混建。它们或位于山地，或处于平原，也有坐落于山间的小盆地。龙海土楼除了常见的圆楼、方楼之外，令人称奇的是还有八卦楼及风车辇楼等独特形制，是闽南土楼中独具特色的建筑类型。

一、龙海区土楼

1. 太江土楼

太江土楼位于东泗乡太江村。土楼平面呈方形，建筑面积 400 多平方米。据族谱及村中古碑所记，太江始祖苏敬（号愚翁）于明代永乐三年（1405 年）开基于太江，着手建造土楼，村中一摩崖石刻有建楼过程的记载（见图 9–1）。当地人介绍，今村中的一处残墙及残缺的楼门为土楼遗址（见图 9–2），可见土楼在龙海存在之早。

2. 万安楼

万安楼又名林家楼，位于浮宫镇溪头社。土楼建于万历辛卯年（1591 年）（见图 9–3）。土楼为土木结构、方形、三层楼院，坐北朝南，面积为 1220 平方米。墙厚 1.2 米，底墙砌 2 米条石，用砂、灰、糯米饭三合土夯筑。原楼内设有 18 口水井，最多时可容纳 500 多人居住。明崇祯元年（1628 年）郑芝龙率部经过此地，疑楼内有伏

①② 清乾隆《海澄县志》卷之一《舆地》。

③ 清光绪《漳州府志》卷之三十《海澄县》。

兵，下令焚毁土楼，今万安楼仅存外墙（见图 9–4）。

图 9–1　太江村记录太江楼的摩崖石刻

图 9–2　太江土楼遗址

图 9–3　万安楼楼匾

图 9–4　万安楼外墙

3. 江山壮丽楼

江山壮丽楼位于东泗乡渐山村社尾，土楼呈方形，分为内外楼，土木结构，三层楼，建筑面积 3000 多平方米。据载，土楼建于明朝末年，由李氏族人建造。今楼顶已塌，内楼部分损坏，土楼大门门匾书“江山壮丽”（见图 9–5）。

图 9–5　江山壮丽楼残楼

图 9–6 双第农场洲仔社寨仔楼航拍

4. 寨仔楼

寨仔楼位于双第农场洲仔社。该楼与洲仔圆楼遥相呼应，因形似八卦，又称八卦楼（见图 9–6）。该楼建于清雍正年间，由许氏族人所建，村民称土楼为寨仔，后来寨仔成为许氏居住地的社名。

寨仔楼呈八卦形，整个建筑依双第山南麓一座突起的小山环升筑成，内共分 60 个单元，房屋有 360 多间，占地面积达 2 万平方米，建筑面积 1.1 万平方米，最多时可居住一两千人。八卦楼依山势递高，层楼迭展，为二半环、三环，依平台布局。从下而上依次为第一层、第二层，向南建两个半环楼群，第三层、第四层、第五层为绕山而建三环楼群，山顶为 200 多平方米的平台。三条铺石台阶便道直通山顶平台，从下层内院至山顶平台设有三条巷路，便利上下往来，而楼群内设多口水井，利于生活饮用。

5. 洲仔圆楼

洲仔圆楼位于双第农场洲仔社东隅，称洲仔圆土楼，又称雨伞楼，始建于明末清初，由双第方氏族人所建。土楼为单元式，楼径约 60 米，设南、北、东北三个门楼。土楼内设 41 个单间，二楼置楼阁，为起居室，每单元内设有独用的楼梯，前后设一个通风窗口。一层左右连接处设门，平时闭门时，可成独家独户，紧急时打开木门，全楼可互通。内院广场环建伙房、杂物间，楼外环筑平房。整个圆楼占地面积 4680 平方米，建筑面积 2600 多平方米（见图 9–7）。

图 9–7 双第农场洲仔社洲仔圆楼航拍

6. **万安楼**

万安楼位于程溪镇人家村西北角，建于清嘉庆七年（1802 年），为四层圆形土楼，占地面积 615 平方米，高 16 米，下方墙厚 1.2 米。土楼坐东北朝西南，西南设一个正门，门上楼匾镌刻“万安楼”三个大字，上款镌“清嘉庆七年”，下款镌“壬戌春建”。楼内设 8 个单元，布局依次为住房、走廊、天井；大门对面设祖厅，楼层房外设走廊环道，楼中天井存一口石质六角形水井。整座土楼设计具有很强的军事防御功能，在土楼二层、三层环设枪眼。万安楼虽已荒废，但该楼结构仍基本保存完整（见图 9–8）。

图 9–8　人家村万安楼

图 9–9　人家村保泰楼

7. **保泰楼**

保泰楼位于程溪镇人家村东北角，与万安楼互为姐妹楼。该楼坐东北朝西南，高四层，面积 400 多平方米。正门为双重套门，门上石匾镌刻“保泰楼”三字。保泰楼损毁严重，屋顶及楼内房间均已坍塌，目前只存圆形外墙，楼内长满竹子，已无人居住（见图 9–9）。

8. **肇庆楼**

肇庆楼又名洋尾楼，位于程溪镇后安村，建于清乾隆甲申年（1764 年）（见图 9–10）。肇庆楼坐西朝东，楼设 4 层，高 18 米，面积 360 多平方米。该楼样式与万安楼相近，楼内房间及屋顶盖已经掉落，从老照片来看内景，属于内通廊（见图 9–11）。大门及外墙尚较完整，土楼垫基用花岗石垒砌，高约 1.5 米，上方到屋顶采用三合土夯筑（见图 9–12）。

图 9–10　后安村肇庆楼

图 9–11　肇庆楼老照片（拍摄于 1928 年）

图 9–12　肇庆楼大门

9. 八卦楼

八卦楼位于东泗乡溪坂村，外观平面略呈圆形，内庭及屋顶为八角形，正门坐东北朝西南，内设8个单元。楼高两层，楼径18米，中间大埕径6米（见图9–13、图9–14）。八卦楼背靠渐山，为村中风水宝地。

图9–13 溪坂村八卦楼

图9–14 八卦楼内景

10. 翠宁楼

翠宁楼位于东泗乡溪坂村湖后社。土楼建于清乾隆年间，为四层圆楼。现存楼墙，大门保留完整，门匾书“翠宁楼”，落款“乾隆癸卯年仲春重建”（见图9–15、图9–16）。

图9–15 湖后社翠宁楼

图9–16 翠宁楼楼匾

11. 廖布政土楼

廖布政土楼位于榜山镇北溪头村林坑社。土楼平面呈长方形，建筑面积近1000平方米（见图9–17）。林坑社位于文山脚下，为廖氏聚居地。土楼于1960年漳州特大洪水时被毁，2017年原中埕建筑修复为廖氏家庙。土楼外围石基及土墙尚存。

图9–17 林坑社廖布政土楼

12. 翠英楼

翠英楼位于海澄镇和平村，始建于康熙二年（1663 年），为三层石质圆楼。现仅存一面孤形石墙，高约 9.2 米，厚 1.3 米，石墙遗存枪眼若干处（见图 9–18）。在翠英楼边上约百米处尚存一碉楼，为三层、四方形建筑，为清末民初村民防匪盗所建。

图 9–18　和平村翠英楼

13. 下叶土楼

下叶土楼位于程溪镇下叶村，建于清代，为双环两层土楼，外围已经改建为不规则形状，内楼保存相对较好（见图 9–19）。下叶为叶姓村落，今村中尚存两座民国时期的炮楼，与土楼互为掎角。

图 9–19　下叶村土楼

14. 宝潭深处楼

宝潭深处楼位于程溪镇塔潭村顶楼庵边，原楼已废仅存楼匾，村中在原土楼的位置新建有仿造土楼样式的建筑，旧楼匾“宝潭深处”镶在新建的大门上（见图 9–20），楼内设欧阳小宗祠。从楼匾落款时间看，土楼为乾隆丙辰年（1736 年）所建。此外，村中欧阳氏宗祠积庆楼也类似土楼的形式（见图 9–21）。

图 9–20　宝潭深处楼楼匾

图 9–21　塔潭村积庆楼俯瞰

此外，龙海区土楼以及遗迹还有石码街道高坑村卢沈土楼、浮宫镇人和楼、港尾镇格林村土楼、浮宫镇丹宅村石厝土楼（见图 9–22）、程溪镇下庄横山土楼（见图 9–23）等土楼遗址。

图 9–22　丹宅村石厝土楼

图 9–23　下庄横山土楼

二、龙海区寨堡

1. 浒茂城

浒茂城位于紫泥镇城内村，建于明嘉靖年间。城中原设东门、西门、南门、北门四个城门，城周长 1272 米，城墙高约 4 米，城顶有女墙。距东城门大约 500 米的溪州村塔仔边原设有一座烽火台，作为报警之用。现存的东门城门，残墙长 49 米，厚 1.7~2.2 米，残高 2.65 米（见图 9–24）。1982 年，浒茂城东门遗址入选龙海第一批县级文物保护单位。

图 9–24　浒茂城东门

2. 烘炉寨

烘炉寨位于浮宫镇田头村云盖寺西北侧山顶上，为郑成功踞守厦门时的一处外围防御营寨，现存外寨、内寨、中心指挥台、暗道和集义厅等。云盖山山岩屹立，树木茂盛。山上奇石幽洞众多，有“仙人洞府”“连环十八洞”等。山顶有烘炉寨残存城墙和墙基，寨墙内有圆形石楼，为指挥哨所（见图 9–25、图 9–26）。

图 9-25 烘炉寨石门

图 9-26 烘炉寨内圆形石楼

3. 浦西城堡

浦西城堡位于港尾镇城外村，建于明嘉靖辛酉年（1561 年），由浦西黄氏十一世黄深魏率族人所建。浦西城堡周长 450 米，占地面积达 15740 平方米，从城基到石门全用条石、块石砌成（见图 9-27、图 9-28）。墙厚 3 米，高 2.5~3.5 米，宽 1.3~1.6 米，城墙上存有女墙、跑马道、垛口、枪眼等，整个古城格局依然可见。嘉靖年间正是沿海倭寇猖獗之时，相传古堡曾抵御过倭寇的多次入侵。今浦西城堡为福建省文物保护单位。

图 9-27 俯瞰埔西堡

图 9-28 浦西城堡大门

4. 郊边城

郊边城位于白水镇郊边村（见图 9-29），当地称“城内”，建筑年代待考。郊边城面积约十亩，城内有圩市、米街、布街、炭街、后街以及寺庙祠堂等，古城规模庞大，格局保存完好。

5. 石埠城

石埠城位于港尾镇石埠村（见图 9-30），建于明初，今存城门及梅石宫等古建筑。每年农历九月十九为庙庆日，每四年石埠城内都要举行一次送王船仪式，场面热闹非凡。

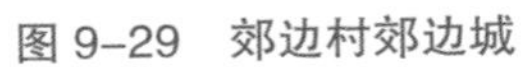

图 9-29 郊边村郊边城

图 9-30 石埠城城门

6. 八坑村寨仔

八坑村寨仔位于浮宫镇八坑村，八坑古称八卿。寨仔始建时间不详，为花岗岩条石垒砌，墙厚一米左右。寨堡为圆形，分上下两围，外围尚留部分建筑。寨墙开两门，一为主门，二为副门。寨墙已毁，今遗两寨门及寨墙基若干处（见图 9-31）。

此外，龙海还存有多处城堡以及建于山头的山寨遗址，如榜山镇梧浦村瑞竹岩五营寨、白水镇内垄口村蛟龙寨、白水镇万安寨（见图 9-32）等。

图 9-31 八坑村寨仔主门

图 9-32 白水镇万安寨

第十章　长泰区土楼与寨堡

长泰区位于漳州东北部、九龙江北溪下游，地处漳州、厦门、泉州三市结合部，东连厦门，南邻漳州龙文区，西接华安，北靠泉州市安溪县，东到厦门市区50千米，南到漳州市区17公里，位于福建省闽南金三角中部，通行闽南方言。2021年2月2日，福建省人民政府同意撤销长泰县，设立漳州长泰区，以原长泰县的行政区域为长泰区的行政区域。全区辖有武安镇、岩溪镇、陈巷镇、枋洋镇、坂里乡、古农农场、长泰经济开发区、马洋溪生态旅游区、林墩办事处9个乡镇（场、区、办事处）。

长泰是漳州较早建置的县区，原属泉州南安境地，宋代归属漳州府。《漳州府志》载："（长泰）本隋泉州南安县武德乡地也。唐乾符三年，邑长张思进始置武德场，以便输纳。文德元年，改为武胜，又改为武安。南唐保泰元年，升为县，改名长泰。宋太平兴国五年，邑原任武胜场大使杨海等，以县去泉州三百余里，期会征输不便，乞舍远就近，改隶漳州。"[①]

长泰地形呈蒲扇状，东面、西面、北面三面青山环抱，"良岗衍脉于后，登科献秀于前，曷山左距，西峰右峙"[②]。总体山多高耸险峻，南部多平原、丘陵、台地。境内有38座海拔800米以上的高山，最高的吴田山海拔1128.7米，长泰山脉属戴云山脉支系。村落宗族多就山峰险要地带筑造山寨、楼堡，以防猛兽和匪寇侵扰。长泰的沿江及乡村地带，防御性建筑多为寨堡类型，几乎无土楼。寨堡一般就地取材，以土石垒墙，平面多呈方形、长方形或"回"字形，楼基多为石头，甚至整个楼墙全部由石头砌成。楼大多为二层至三层，留一门出入，堡内依墙建房。一楼一般不开窗，门侧留枪眼，二楼开小窗，为窥敌情；一般设有角楼，为哨所和武器库；多为通廊式，堡内走廊连通，备有滑竿、滑绳以备紧急避险逃生。

历史上长泰县境内有山寨楼堡近百处，较大型的山寨有20多座，有的为唐宋古寨，如天成山寨等。其中，一些寨堡在明代抗倭斗争中发挥了很大的作用，如林墩寨、盂宁堡等。山寨多建于山头，防御性更强，造型不规则，多为近似圆形、椭圆形，通常留有两至四门出入，寨墙石堵有1米多宽，墙中留有枪眼。危急时，可拆墙滚石为

---

① 清光绪《漳州府志》卷之一《建置》。

② 清乾隆《长泰县志》卷之一《舆地》。

武器。寨内自成天地，有的山寨还建有聚落，十几户或几十户聚居，现多废弃。县志载，长泰关隘寨堡有20多处，从山区到平原、至九龙江沿岸都有较密集的山寨楼堡分布。

图10–1 天成山寨门

长泰历史上分属泉州、漳州管辖，又因地理位置处于厦漳泉交界地，在方言上呈现出区别于泉州音和漳州音的厦门方言。在建筑文化上，长泰既有闽南沿海的红砖大厝特色，又有山区土石混建的楼寨建筑形式。

一、长泰区山寨

1. 天成山寨

天成山寨位于马洋溪生态旅游区天成山上，旧称钦化里双鬓山（见图10–1）。相传天成古寨建于唐朝末年，黄巢入闽就曾驻扎在天成古寨。乾隆版《长泰县志》记载，元至正五年（1345年），反叛朝廷的万贵、何迪盘踞在天成山寨，元代漳州路指挥蔡淳尝于此平定叛乱。明天启二年（1622年），广西布政使杨莹钟不受魏忠贤的拉拢，辞官还乡归隐天成山，修建天成山寨。

清康熙十四年（1675年）至康熙十六年（1677年），郑经部下吴淑与漳州人蔡寅一起成立白头会、修斋会，天成山成了反清复明基地。康熙十六年（1677年），清军福建总督郎廷相率兵围攻天成山，吴淑与蔡寅在天成山与清军周旋，打退清军的多次进剿。后来因为山上存粮不足，吴、蔡两人才下山，山寨被清军摧毁。今寨内存银库、布政厅、樵阳居等遗址。

2. 林墩寨

林墩寨位于林墩办事处林溪村，始建于明嘉靖年间，清顺治三年（1646年）重建（见图10–2）。林墩寨建于海拔130多

图10–2 林溪村林墩寨

米的小山上，占地面积近20亩，四周的城墙均用条石垒砌，高3~5米，墙厚1.5米。寨堡设东、西、南三个寨门，正门朝南，保存较好，东门、西门于20世纪六七十年代被毁。

林墩寨旧属长泰县善化里高安村，为明代高安军抗倭的遗址。明嘉靖三十七年（1558年）至嘉靖四十三年（1564年），倭寇多次窜扰长泰，当时“士废于学，农废于耕，粒米无望，十室九空，食尽山林之藿，啼饥号寒”，为保卫家园，长泰人民奋起抵抗。

嘉靖三十八年（1559年）高安村民自发组建了一支民军，以当地林氏子弟为主体，吸收各地丁壮，联络各乡豪杰，平时务农，战时出征。

3. 江都寨

江都寨位于林墩办事处江都村（见图10-3），始建于明嘉靖三十七年（1558年），为江都连氏防匪患而筑。江都寨为连氏族人居住中心点，因此后人称江都社为“江都寨”。

图10-3　江都寨

据连氏族谱记载，明正统十四年（1449年），连氏入闽始祖连谋的十世孙连法进之子连垒，由龙岩漳平入长泰开基。在江都社小山丘上修建石寨，于此创家立业。江都寨依山傍水，以连氏宗祠瞻依堂为中心而筑。据嘉庆版《武安江都连氏族谱》记载，明万历四十四年（1616年）族人连淳任江都寨寨长，他带领乡民重修江都寨，扩大范围，垒砌坚固的石寨墙，寨墙高约5米，周长约660米。

江都寨设四门，乡民认为西门选址不当，就毁了西门。同时，在江都寨东南方增设一个寨门，在寨门边盖了“猎王庙”，镇守此门。

明嘉靖三十八年（1559年）三月，倭寇入侵善化里，善化里各社组成高安军奋勇抗敌。江都社高安军团练连子奎带领族人，以江都寨及附近的跳头寨为据点，抗击倭寇入侵。

江都连氏涉台渊源深厚，三世祖连时冲过台湾在台南小脚腿开基，十世祖连绳巍于清康熙三十五年（1696年）到台湾创业，此后，后裔不断有人陆续迁往台湾。今寨内存连氏祖祠“瞻依堂”等历史建筑。

4. 山重古寨

山重古寨位于马洋溪生态旅游区山重村中，始建于明代，为山重大社薛氏防御抗侵的大型城堡（见图10-4）。城墙周长约2千米，高3.2米，厚1.5米。设东西南北4个城门，从文龙宫东城门起，经后厝南城门，至赤土西城门，再至菜园内厅前北门。

现山重薛氏家庙、后壁山社、菜园内社、仔内社、赤土埕社、后厝社都在古城墙范围之内。今城墙多已废，仅存东门外一小段，西门和北门两个城门幸存。原西城门至南城门外有段护成河，20 世纪 80 年代被填平。

山重古寨内有 20 多条“卵石巷”，以菜园内、圳仔境的巷道较为完整，巷道纵横交错，外人走进古巷常分不清方向，犹如迷宫（见图 10-5）。

图 10-4 山重村山重古寨

图 10-5 山重古寨内鹅卵石建的民居

5. **枋洋青阳寨**

枋洋青阳寨又称神龟寨，位于枋洋镇青阳村河交社，建于明嘉靖年间，为卢姓开基祖抵达青阳后所建。山寨所在山形像一只乌龟，寨建在龟背上，因而得名“神龟寨”。

山寨坐西北朝东南，长方形结构，东西长约 100 米，南北宽约 25 米。山寨背山而建，寨门前一条小溪。寨由大小不一的天然鹅卵石垒砌而成，寨墙高 3~4 米，墙厚 1.5 米，墙体留有数处枪眼（见图 10-6、图 10-7）。

图 10-6 青阳寨寨门

图 10-7 青阳寨寨墙上枪孔

青阳卢氏家族流传有一个故事，说是神龟寨很神奇，遇到土匪来袭时，只要紧关寨门，在寨子里往溪中灌水，这只神龟就会浮起一丈高，让土匪望而却步。此外，民间还流传着“入寨不杀”的传说，不管你是难民，还是官府的通缉犯，只要逃到大寨内，寨里的百姓就保护你的人身安全。

6. 枋洋望寨

枋洋望寨又名网寨，俗称望寨，位于枋洋镇枋洋村封侯自然村东南的望山。从封侯自然村出发，步行半个多小时可到望山。望山东南方向是白盘岭，西北方向是上存格，三个点恰连成一条直线。在古代，望山下为枋洋墟通往林墩墟的要道。

望寨坐落在山上，山寨呈葫芦形，寨西边是“葫芦”底，东边是“葫芦”颈，东西长有 40 米，“葫芦”底部近圆形，整个山寨面积约 460 平方米。历经沧桑，山寨已荒废，仅存寨墙遗址，靠西边的“胡芦”底还有一个外寨，距离主寨 17 米，今存部分寨墙、房基。

望寨所在望山险峻高耸，视野开阔。清顺治三年（1646 年），卢若腾领导义军，在此结盟抗清。后来，卢若腾率部投入郑成功部队，当时参加望山义军的枋洋人大部分随郑成功部东渡台湾。

7. 大湖寨

大湖寨位于山重村东北约 5 公里处的大湖山顶。始建于明代中期，为椭圆形结构。寨径东西向长约 90 米，南北向宽约 40 米，占地面积 3316 平方米。寨墙由大小石块、片石、部分条石交错垒砌而成，最重石块达 700 斤。墙体依着山势而成南低北高的格局，南墙高为 2.5~3.0 米，北墙高为 3.2~4.2 米，东南面墙厚为 1.4 米。经数百年沧桑，整座寨墙基本保存完好，气势磅礴。

图 10-8　山重村大湖寨石寨门（林春兴供图）

山寨于东面留出一个石寨门，寨门由梯形条石纵砌成拱形状，门高 2.05 米，宽 1.4 米，厚 1.78 米（见图 10-8）。至今门后还遗留有大梁横穿的石孔。西侧墙留出一个小门，高 1.55 米，宽 0.81 米，厚 1.02 米，以作为防御性的进出口疏散通道。寨内墙中设有数处台阶石，从墙内可沿台阶登上寨墙顶。山寨分为上厝地、下腊地，为村民危机时的避难之所。整座山寨至今基本保存完整。①

8. 芹果寨

芹果寨又名龙山寨，俗称石寨内，位于林墩办事处芹果社中。始建于明嘉靖末年，为林楷倡建。芹果寨墙用块石砌筑，周长 400 多米，高 3~4 米，厚 1 米多（见图 10-9）。寨内设东门（前门）、南门（后门）。前门分设内外两重，门宽 2 米，高近 3 米。门墙上置福德正神石庵。寨内有一座林氏宗祠叠峰祠，几经修葺，仍保存完好。寨子后门边，

① 林春兴提供资料。

图 10–9 芹果社芹果寨

凿有一口水井。

芹果寨规模宏大，鼎盛时寨中居民达数百人。清乾隆年间，由于人口增长，寨中居民逐渐迁居到美厝、溪埔等处。20 世纪 50 年代初，寨中居民全部搬走。

芹果位处长泰区与安溪县、同安县的交界，是古驿道经过之处，又是军事要地，附近有著名的上宁隘（上宁隘原属长泰县所辖，20 世纪 50 年代割属同安县）。据村中《林氏族谱》记载："（林楷）归墩山之故里，后入于墩山之东所谓芹果者，得一地脉，山明水秀，木古草幽，遂就地筑城，谓之龙山寨。"

芹果寨在明嘉靖末年抗倭斗争中成为重要的战斗据点。清顺治三年（1646 年），芹果寨聚集了义士数百人，高举义旗反抗清廷，与卢若腾领导的"望山之师"呼应。而后，义军投奔郑成功部队。

9. **依仑寨**

依仑寨俗称寨仔尾，位于枋洋镇径仑村。与下腊楼、狗仔坪、外楼等防御建筑互为掎角，组成共同防御之势（见图 10–10）。

图 10–10 径仑村依仑寨（林河山供图）

依仑寨平面呈半圆形，寨门坐东朝西，寨墙用山石砌成，寨内两座大厝并排而列。墙随地势升降，墙基宽 2 米，墙高 6 米多，墙顶宽 1 米。寨外有水塘 2 口。

寨墙外南面原有两列依地势而建的楼房，还有数十间房间，梯级排列。楼房依山势而建，名"隐壁楼"。楼下用以堆放杂物或圈养牲口，楼上较大，为住房。楼中设有密道通楼下，旧时遇到匪患，可由密道逃生。

二、长泰区寨堡

1. 磐鸿楼

图 10-11　磐鸿楼大门

磐鸿楼俗称山墘楼、上楼，位于岩溪镇珪后村东北。楼寨始建于清康熙五十二年（1713 年），坐东朝西，楼内有民房 100 多间，还配有水井、磨坊、猪牛舍等设施，人们居于楼里，能防备匪患（见图 10-11）。该楼寨曾在嘉靖年间与倭寇的战斗中发挥过巨大的作用。明嘉靖三十七年（1558 年），倭寇数次入侵长泰，窜扰林墩、岩溪一带，当时叶氏族人叶以遂组织丁壮，配合高安军打击侵略者。他们与倭寇有过五次交锋，歼敌数百人，磐鸿楼便是当时的战斗据点之一。

清康熙三十八年（1699 年），叶氏族人叶应星、叶德兴等倡议重建此楼。重建后磐鸿楼的规模更加宏大，构筑更为坚固。楼东西长 27.2 米，南北宽 27.8 米，占地面积 756 平方米。楼设两层，高 6 米，墙体厚约 1.5 米。磐鸿楼设西、南两门，高 4 米、宽 1.7 米，门上设有防火水槽，楼墙上的四个角落设有瞭望点。今磐鸿楼存正门、古井等遗构。磐鸿楼门匾长 2.4 米、宽 0.8 米，上刻“磐鸿楼”三个大字，落款“康熙癸巳花月”。

2. 乐升楼

乐升楼又名中楼，位于岩溪镇珪后叶文龙故居西侧，建于清康熙五十二年（1713 年）。楼寨由石条砌成，坐东朝西，边角建有角楼，占地面积约 4000 平方米。20 世纪 60~70 年代被拆，现存正门匾额“乐升楼”及南门匾额“珪嶂南衡”于村中（见图 10-12、图 10-13）。

图 10-12　珪后村乐升楼旧照（摄于 1928 年）（林南中收藏）

图 10-13　乐升楼楼匾

3. 际康楼

际康楼，俗称下楼，位于岩溪镇珪后村南面。楼由叶维三建于康熙四十三年（1704 年）。际康楼坐东朝西，为“回”字形土石结构的楼堡，南北长 68 米，东西宽 66 米，占地面积 4488 平方米。楼分内外楼两环，外楼共有房间 100 间，底层与上层房

图 10-14 珪后村际康楼

间各有楼梯连通，上层房间的左右墙各设有门，楼上的各个房间可以相互连通，发生不测时可以快速逃离，防御功能突出。

今际康楼大门尚存，楼匾为阴刻“巢林”二字，内楼石匾“际康楼”亦存（见图 10-14）。

4. 孟宁堡

孟宁堡又名上洋楼，位于陈巷镇山重村上洋社，始建于明嘉靖年间，明天启三年（1623 年）重修（见图 10-15）。孟宁堡为方形楼堡式建筑，坐北朝南，长宽各约 40 米，占地面积 1600 平方米。原先在石堡四角建有角楼，现已坍塌。外墙由条石垒砌，堡原为三层，今残存两层，堡内每层设 28 间房，共 84 间房。残高 5.9 米，墙基宽 1.64 米，顶部宽 0.8 米。楼内铺设鹅卵石，中间有水井一口。南门匾书“孟宁堡”（见图 10-16），左款“天启任岁农癸亥重修，右款“孟春吉旦立”。2004 年，孟宁堡被长泰县人民政府公布为第六批县级文物保护单位。

图 10-15 山重村上洋社孟宁堡航拍

图 10-16 孟宁堡门匾

5. 奎璧齐辉楼

奎璧齐辉楼位于林墩办事处林溪村，建于清道光元年（1821 年），由林溪村村民林天定建造（见图 10-17、图 10-18）。楼为单檐硬山顶石构建筑，高 10 米，楼墙厚 1 米多，共设两层：一楼墙体没有窗户，用于防范贼盗；二楼铺设厚实木板，并设有枪眼；后墙右侧有一小门可通后山，为危险时的逃生通道。整个建筑布局巧妙，设施坚固。

奎璧齐辉楼两层各有 14 间房和前后厅堂，楼顶四面尾檐檐牙高啄，檐下雕有蝙蝠、葫芦等炭雕。屋内拱梁交错，雕刻工艺细腻，装饰图案栩栩如生。今奎璧齐辉楼为长泰文物保护单位。

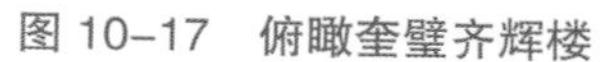

图 10-17　俯瞰奎璧齐辉楼

图 10-18　奎璧齐辉楼楼匾

6. **贻庆楼**

贻庆楼位于长泰武安镇金里村，清雍正二年（1724 年）建。为土石结构，分内楼、外楼，外楼环绕内楼而筑，呈“回”字形，中间留通道（见图 10-19）。据传，贻庆楼建于清乾隆年间，是长泰金里村戴氏的一个祖厝。现部分建筑保存较好。

贻庆楼占地面积 6000 多平方米，楼分外楼和内楼，构成了楼中楼的建筑格局。外楼共有两层，墙高 8 米、厚 1 米，墙基由条石砌成，墙体由青砖砌成，设有南大门、西大门和北小巷三个进出口。北墙长 33.75 米，西墙长 36.8 米，东墙与西墙交接处呈椭圆形，约 66 米。内楼正面墙由磨得精光的条石砌成，墙缝密不容针，大门门楣上方刻“贻庆楼”三字（见图 10-20）。

图 10-19　金里村贻庆楼侧影

图 10-20　金里村贻庆楼楼匾

7. **寿拱南山楼**

寿拱南山楼又名大枋楼，位于陈巷镇山重村，建于清初（见图 10-21）。楼呈长方形样式，坐西朝东，宽 16 米，深 25 米，面积 400 平方米。

楼今存两层，残高约 10 米，楼墙用鹅卵石垒砌而成，楼顶已经掉落，内有水井。正门匾镌“寿拱南山”。石楼门墙厚 1.13 米，宽 1.3 米，一层楼不开窗，二层楼开 14 个窗。正面墙设一门三窗，中窗较大，窗为长方形，由四块条石合为一个“口”字。

门为拱形，高 2.17 米，由 14 块梯形条石纵砌、细磨加工而成，底部则由 8 块方石粗砌。墙角的角石粗大，用于承重整座墙体，增加了整座楼的坚固性。

图 10–21 山重村寿拱南山楼

8. **赤岭楼**

赤岭楼位于枋洋镇赤岭村路东自然村，坐西朝东，单檐悬山式屋顶，接近正方形结构（见图 10–22）。该楼占地面积 3000 多平方米，土石木结构，墙体用大鹅卵石垒筑，现存有部分墙体及房间。平面呈“回”字形，为楼中楼格局。外楼为两层，墙体外为天然鹅卵石垒砌，内为夯土，墙基厚近 2 米，楼高 6.5 米，楼梯、走廊连通；内楼为三层，楼高 9.5 米。三层以上开方窗，整座建筑古朴大方，今部分已毁。

图 10–22 赤岭村赤岭楼

9. **磐安楼**

磐安楼又名大石湖楼，位于枋洋镇径仑村，建于清乾隆五年（1740年），石楼建在海拔600多米的山上，楼宽28米，进深22米，前面三层，后面两层，每层各设十个房间，中间有厅堂和小天井，楼墙外部用石条垒砌，内侧为夯土，20世纪70年代楼内居民陆续搬出，今已无人居住。

10. **泰芳楼**

泰芳楼位于枋洋镇内枋村，清嘉庆五年（1800年）由富商蔡长安所建，楼背山面水，占地面积8亩，高9.8米。楼分两层，第一层墙用石垒砌，墙厚2米，第二层墙用土夯，厚0.4米，楼共设4厅28间房，内有暗堡，可容5~6人守卫（见图10-23）。楼大门设置巧妙，门顶留有灌水道，可防火攻，楼中有水井，该楼保存较好（见图10-24）。

图10-23　枋洋内枋村泰芳楼

图10-24　内枋村泰芳楼大门

11. **美宫西溪楼**

美宫西溪楼位于林墩办事处美宫村西溪自然村，楼宽18米，深20米，墙厚1.6米，面积为360平方米，楼高两层（见图10-25）。墙体用石板、石块垒筑。楼设一个石门，门高2.4米，宽1.24米。楼前有石埕，楼中设有厅堂、房间、石井等，西溪楼背靠虎形山，坐北朝南，建于村庄中最高处，海拔约600米，居高临下，非常壮观。

图10-25　美宫西溪楼（林河山供图）

西溪楼建于清早期，楼主为经营烟草的欧氏家族，是集生产、居住为一体的家庭作坊。清末民国初年，欧氏迁居他处，此楼由当地卢姓、林姓居民共同使用，继续进行烟草加工，加工的烟丝称为“仁福”烟，因质量优良、声名远播，通过厦门、金门口岸远销海外。目前，西溪楼年久失修，

图 10-26 美宫村橄榄崎石楼

已有部分倒塌。

12. **美宫村橄榄崎石楼**

橄榄崎石楼位于美宫村橄榄崎自然村，为二层四方石楼，外墙全为乱石垒筑，设二门，一楼设多个射击孔，二楼设条石窗，总体具有一定的防御性。内部隔间部分用夯土，现内部坍塌结构不清晰，大约十几间房（见图10-26）。

13. **凤栖楼**

凤栖楼位于长泰县与安溪县交界的湖珠村林口自然村12-2号，建于清光绪三十年（1904年），为二层内通廊式土石混建方土楼，面阔26.5米，纵深15米，高8.4米，一层为乱石垒建，二层夯土，全楼共设二梯四厅二十间房（见图10-27）。楼建于一缓坡上，依山势前低后高，前身左右各凸出三十公分，二楼凸墙设射击孔，总体具有一定的防御性。

凤栖楼为叶桂霖故居。叶桂霖夫妇，解放前同为上海交通大学毕业生。解放初期，叶桂霖为长泰地下革命组织"小火星"组织者及领导人，并任长泰解放委员会主任，因意外事件被误杀，后平反。

14. **人和楼**

人和楼位于坂里高层村，建于清雍正五年，楼可能高二至三层，1949年后只保留一层改建为粮仓。楼长约20米，宽约七八米，墙基用溪石垒砌一米多，上部用生土夯筑，墙厚一米多，大门门匾刻人和，有时间纪年。人和楼与长泰其他地方的寨堡风格迥异，可以说是长泰唯一土楼了（见图10-28）。

图 10-27 湖珠村凤栖楼

图 10-28 高层村人和楼

此外，长泰还有狮尾山寨、岩溪镇良岗山乌石寨、东庶凝晖楼、溪口杉湖寨、罗山寨、柯辇寨等古寨遗存。

第十一章　华安县土楼与寨堡

华安县地处漳州西北部、九龙江北溪中游，素有“海西明珠”“生态名城”之美誉。华安县北接漳平市，东邻安溪县、长泰区，南连芗城区，西靠南靖县。华安处于博平岭山脉向东延伸段，境内山岭耸峙，群山重叠，河流纵横交错。地貌以山地、丘陵为主，占全县总面积的95.5%，台地平原仅分布在南部，占4.5%。华安地势西北高、东南低，由西北向东南呈阶梯状降落。最高峰是东北部的福鼎尖，海拔1503米；最低处在丰山镇碧溪村，海拔仅15米。全县辖6镇3乡，即华丰镇、丰山镇、沙建镇、新圩镇、高安镇、仙都镇、马坑乡、湖林乡、高车乡，土地面积1315平方千米。

华安生态环境优良，是全国生态建设示范县、中国民间玉雕艺术之乡、中国观赏石之乡、中国名茶之乡，也是全国重点产茶县。这里人文景观众多，文化积淀厚重，如华安仙字潭摩崖石刻、草仔山蛇形石刻、石门坑石刻、高安星宿图石刻等，还有远古时代的燧石层，至今仍保留着宋代皇族赵氏宗祠、著名的“漳窑”遗址、名闻遐迩的土楼群等名胜古迹。

华安是漳州置县最晚的县区，原属龙溪县二十五都范围。由于华安重要的地理位置，在清乾隆十二年（1747年）设龙溪县丞分厅于华丰；清宣统三年（1911年），又在华丰设县佐，为龙溪县分县；民国十七年（1928年）5月12日，正式置县，取“华丰”与“安溪”两地首字作为县名，即华安县，华丰为县政府驻地。

华丰古名为华崶，因九龙江北溪蜿蜒流经华丰，形成一个开口向东的“几”字形冲积小盆地，四周山上开辟了许多茶园，好山好水盛产名茶，这里茶叶畅销周边，远销各地，故有“茶烘”之称（《大明漳州府志》作“茶硿”）。华安是南宋刘克庄笔下“西畲”的重要聚居地。明代陈天定的《北溪纪胜》记载：“汰水西汇大江，以小舟入，古称桃源洞，蓝、雷所居，今号汰内。”“桃源洞”即现沙建镇的汰内村。华安南之桃源、北之九龙廓蓝雷寨，应是当时畲民重要的据点。宋元以来，华安地区寇乱生发，不仅受汀赣、沙县、饶平等地区寇扰，而且内部也不断生乱。如明嘉靖二年（1523年），广东、汀赣贼流劫漳泉，两郡合兵战于安溪霞村；嘉靖七年（1528年），北溪黄日金谋乱，未发，知府陆金计擒之；清顺治二年（1645年）七月，北溪贼林拔顺谋袭漳城。[①]

历史上华安境内土楼众多，历史悠久。明万历版《漳州府志》载："埔尾土楼、丰山土楼、汰内西坑土楼、上坪土楼、归德土楼、华丰土楼、狮陂土楼、宜招土楼，具在二十五都。"[②] 据该县1999年6月调查统计，华安保存完好或基本完好的土楼有68座：明代建造并有明确纪年的有5座，清代的有63座，其中圆楼有20座，方楼有43座，变异形式的有5座。华安土楼分布呈现"两线一块"态势：汰内—上坪—绵治—礤头—高安—马坑为西线；沿九龙江北溪溯江而上丰山—沙建—新圩—华丰—湖林为中线；仙都良村构成块状，为东块。华安土楼中，单元式、通廊式以及单元通廊混合式格局都存在，还有五凤楼变异形式。

五凤楼是闽南大厝在山区的一种变异形式，适应山区坡陡地势不平的特点，一般前楼低后楼高，楼高二至三层，并加强了楼体的防御性，多重大门防御并多用条石垒筑大门以加强其坚固性，楼内设置枪眼、瞭望台等。另外，九龙江北溪沿岸多分布有街巷式寨堡特色建筑，一般设置二至三门，堡内民居条状排布，门楼设置瞭望窗、射击孔等，堡内多设有神庙、土地庙等公共空间。华安县拥有福建土楼中第一批列为全国重点文物保护单位、被誉为"国之瑰宝"的二宜楼和明代"万历三楼"，是漳州土楼中历史悠久、类型丰富、独具特色又不乏精品的土楼分布县。

一、华安土楼

（一）大地土楼群

大地土楼群位于华安县仙都镇大地村，由二宜楼、南阳楼、东阳楼三座土楼和周边的景观组成。2008年，"华安大地土楼群"作为"福建土楼"的重要组成部分被列入世界遗产名录。

1. 二宜楼

二宜楼，位于大地村中央，始建于清乾隆五年（1740年），历30年建成，为"乡饮大宾"蒋氏十四世蒋士熊所建，占地面积9300平方米，坐东南朝西北，外环高4层、通高16米，外墙厚达2.53米，外径73.4米（见图11-1至图11-3）。整座楼除门厅、楼道外，平均分成12个单元，共有房间192间，每个单元一楼外墙均设射击孔。一至三层不开窗，四层开小窗。在该楼的第三、第四层交接处，设有环楼的"隐通廊"。楼内埕还有两口井，分别命名为"阴泉"和"阳泉"，组成太极阵型。

二宜楼内共存有壁画226幅、彩绘228幅、木雕349件、楹联163副，在土楼中实属罕见。土楼内还装饰有西洋钟、西洋美女图案（见图11-4），墙上、天花板上张贴20世纪30年代的美国《纽约时报》等，堪称一座文化内涵丰富的民间艺术宝库。

二宜楼建筑平面与空间布局独具特色，防卫系统独特，构造处理与众不同，建筑装饰精巧华丽，有"圆土楼之王""神州第一圆楼"之誉，为闽南地区单元式土楼的代

① 清乾隆《龙溪县志》卷二十《纪兵》。
② 明万历《漳州府志》卷之十四《龙溪县・四三》。

表。1996 年 11 月，二宜楼入选第四批全国重点文物保护单位（见图 11-5）。

图 11-1　大地村二宜楼

图 11-2　二宜楼内景

图 11-3　二宜楼楼匾

图 11-4　二宜楼内壁画

图 11-5　大地村二宜楼航拍

图 11-6 大地村南阳楼

2. 南阳楼

南阳楼位于大地村的狮形山下，为二宜楼建造者蒋士熊之孙蒋经邦于清嘉庆二十二年（1817 年）所建，为单元式圆形土楼（见图 11-6），其木雕、石刻、用材方面较之二宜楼更胜一筹，可称是二宜楼的缩影版。

南阳楼坐东南朝西北，占地 3100 平方米，楼高 13.25 米，直径 51.6 米，设 4 个单元，每个单元均为 7 开间，共有房间 96 间。门楼为细磨的花岗岩砌筑，门顶置水箱，外敌火攻时灌水可形成水幕加以防御。

南阳楼背靠狮子山，楼后建造花园，今花畦开辟为茶园，尚留百年老樟树一棵、椤木一棵、古松四棵挺立楼后以为屏障，楼前设风水池。

3. 东阳楼

东阳楼与二宜楼毗邻，为仙都镇大地村二宜楼创建者蒋士熊之孙太学生蒋宗祀于嘉庆丁丑年（1817 年）所建造，内通廊式长方形土楼，楼高两层，楼宽 45.8 米，纵深 26 米，全楼有房间 36 间，两翼为护厝，占地面积约 1200 平方米（见图 11-7、图 11-8）。2000 年 3 月，东阳楼列入华安县级文物保护单位。

图 11-7 大地村东阳楼

图 11-8 东阳楼大门

门墙为细磨花岗岩砌成，十分坚固。两翼各建护厝平房 15 间（左 8 间）为厨房和餐厅，每间使用面积达 15 平方米。两边护厝各开前后门，前门与大门并列成三门，后门通向厕所。主楼为两层，后楼高 10.9 米，前楼高 9.3 米，前低后高等级分明，为内通廊式结构。

东阳楼中采光极佳，承顶檐梁的挑木都加工为斗拱，横梁都加枋木，雀替皆刻凤凰，蜀柱亦雕瑞兽。楼内有两条横向通廊将上厅、下厅和两厢房分隔，横廊两端开小门通往厨房和餐厅，较好地解决了炊烟对住房的侵蚀。

（二）上坪土楼群

上坪土楼群位于华安县沙建镇，由齐云楼、日新楼、升平楼等组成。

1. 齐云楼

齐云楼位于沙建镇宝山村，建于明万历十八年（1590 年），为双环式椭圆形双层土楼，相传由唐代名将郭子仪的后裔所建。土楼雄踞在岱山村的山包之巅，坐北朝南，东西径 62 米，南北径 47 米，楼匾书“大明万历十八年”字样（见图 11-9），为福建较早圆土楼之一。齐云楼体型硕大，四周山峦围绕，下方是宁静的村庄，气势恢宏，被称为“土楼之母”。今齐云楼为县级文物保护单位（见图 11-10、图 11-11）。

图 11-9　齐云楼门匾

齐云楼除大门外，东西两侧各有一小门，西门称“生门”，东门称“死门”。

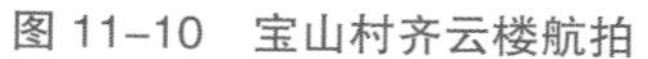

图 11-10　宝山村齐云楼航拍

图 11-11　齐云楼外墙

2. 日新楼

日新楼位于沙建镇庭安村，建于明万历三十一年（1603 年），占地面积 13680 平方米，主体建筑由三座呈“一”字形的土楼组成，为邹氏族人所建（见图 11-12）。楼寨由一道山门把关，呈现一种家族大院样式，楼寨雄踞于山顶，背靠悬崖，下面是一片竹林。整座楼寨讲究对称方正、内向含蓄的布局。

日新楼建筑随地形而呈台阶式升高，大门门额书“日新楼”三字，上款“万历癸卯岁”，下款“仲春邹氏建”（见图 11-13）。走进日新楼，可见内部建筑已大多坍塌，只剩下残垣断壁。屹立的石柱，古老的石碑，使当年的繁华与如今沧桑呈现于眼前，因之有“土楼圆明园”之称。

图 11-12 庭安村日新楼航拍

图 11-13 日新楼大门

3. 升平楼

升平楼位于沙建镇宝安村，建于明万历二十九年（1601 年），为圆形石楼（见图 11-14）。升平楼正门朝东，侧门朝南。建筑分为内外两环，外环高三层，内环高一层，全楼共 120 间房间，外墙全部由花岗岩石砌成。

该楼内部为单元式，每单元设有独立的门厅和居室，中间大埕用条石板铺成扇形图案（见图 11-15）。石楼坚固无比，防御性强，被称为“石楼碉堡”。

图 11-14 宝安村升平楼

图 11-15 升平楼内景

（三）仙都土楼群

除了大地土楼群外，仙都的招山、云山、先锋、岭埔等村也分布有大量土楼，其中招山土楼最为密集。

招山村位于仙都镇北部，以黄、林两姓为主。据资料记载，元末时期，招山村黄氏祖先正弘公由安溪迁徙至仙都；仙都林姓始祖林宗鲁于南宋孝宗时期，携妻儿由尤溪万积洋（后改万足里，今大田县辖）迁徙到龙溪二十五都宜昭择居。两姓世代居住于招山，至今保留有较多完整的传统夯土建筑和大型土楼，其中有宗祠5座、古庙1座、土楼9座、夯土建筑“大五间起”和“大七间起”等达50多座古建筑。

招山也是华安县著名侨村，民国时期以林文图为代表的爱国华侨为家乡社会建设作出很大贡献，建南海中学、石桥，并建有以“成德楼”及“仁德楼”为代表的“华侨厝”，在保留闽南传统文化特色的同时，融入了南洋的建筑风格，这对于华侨文化研究具有较高的历史和文化价值。招山村今为省级传统古村落、历史文化名村。

1. 琮翼楼

琮翼楼位于招山村大三间自然村，始建于清初，宣统三年（1911年）第一次重修，1949年火灾后第二次重修。各年代的楼墙痕迹均有保留，是一座“楼包楼”的复合式土楼（见图11–16）。楼坐西向东，进深32.65米，面阔41.33米，高10.75米，占地1630.46平方米。楼为三层夯土版筑，现存4厅共32房，设有东门、北门两门，楼门由花岗岩条石砌成，东门为大门（见图11–17），高2.78米，宽1.79米，厚0.34米，上方设多个竹筒射击孔，楼内居民为黄姓。前楼设悬吞楼斗（见图11–18），全楼设有多处射击孔和瞭望台，防御功能很强。

图11–16 招山村琮翼楼

图11–17 琮翼楼大门

图11–18 琮翼楼悬空楼斗

2. **炮楼加三落大厝复合式土楼**

炮楼加三落大厝复合式土楼位于仙都镇招山村厅牌129–1号，建于清末民初，其特别之处是进门天井设亭，左右各设一高一低两栋炮楼，高层炮楼为三层，二楼、三楼设射击口、瞭望窗和悬挂式瞭望台，更特别的是还有垂直竹筒射击口，防御系统完善（见图11–19、图11–20）。

图 11–19　招山炮楼加三落大厝复合式土楼

图 11–20　左侧炮楼三楼瞭望窗及射击孔

3. **左宜楼**

左宜楼位于招山村长丰自然村，建于清道光戊申年（1848年），坐西向东，为两层通廊式土结构，双坡顶布灰瓦，占地面积868.7平方米（见图11–21），楼内共设4厅55房，中为天井，天井由鹅卵石铺砌，内有一圆形古井。主体建筑面阔26.5米，进深25米，高7.5米。一层由乱石垒砌，二层为生土夯筑，内通廊为木地板，通廊梁架雕刻精美（见图11–22）。左宜楼今已无人居住。

图 11–21　招山村左宜楼

图 11–22　左宜楼内通廊

4. **和宜楼**

和宜楼始建于清咸丰己未年（1859年），2008年，南洋宗亲林英年捐资10万元重修和宜楼内祖祠。该楼坐东北向西南，土木结构，占地977.90平方米，土楼进深25.22米，面阔29.95米，高8.19米，墙基由块石垒砌，上为生土夯筑，天井由鹅卵石铺砌，内有1口圆形古井，楼内共4厅36房（见图11–23）。二层设有通廊，通道梁架雕刻古朴大方。楼前埕立一块“百寿当”石碑，实为罕见（见图11–24）。和宜楼具有较高的艺术价值及历史价值。[1]

图 11-23　和宜楼

图 11-24　和宜楼门前"百寿当"石碑

5. 仁德楼

仁德楼建于民国三十六年（1947 年），建筑形式为“回”形，内有三处天井，护楼与主楼联通，为内通廊式砖石土木结构，一楼石基由四层条石垒砌，上为生土夯筑，二层主厅堂中悬挂“仁德楼”匾，内共 4 厅 40 房，总面阔 46.3 米，总进深 25.6 米，占地面积 2460 平方米，建筑面积 1826 平方米，悬山顶马鞍脊板瓦屋面，二楼通廊围栏全部由红砖和南洋风格的绿瓷瓶装饰（见图 11-25 至图 11-27）。

图 11-25　仁德楼

图 11-26　仁德楼内景

图 11-27　仁德楼二楼大厅上的楼匾

① 《清爽华安 乡愁古韵 | 百年侨村招山村的斑驳岁月》，漳州市华安县人民政府，http://www.huaan.gov.cn/cms/html/haxrmzf/2021-05-07/74094246.html，2021 年 5 月 7 日。

仁德楼沿中轴主线由前埕、前楼、天井、东西边楼、后楼、后院和东西两侧翼楼组成，建筑规模宏大，整体保存完好。该楼为印尼华侨林开松委托同乡华侨林金声回乡时所建。

6. 成德楼

成德楼，位于招山村 55 号，为华侨林文图于 1941 年所建。楼坐西北朝东南，占地面积近千平方米，主体建筑面阔 44.8 米，进深 21.3 米，高 11.3 米，为五凤楼样式（见图 11–28）。建筑由山门、围墙、前厅、过水廊房，天井、主堂、护厝组成，共设 7 厅 24 房。该楼面阔五间，主体三层，第三层为抬梁式木架结构。外墙墙基由条石砌成，上部由生土夯筑。楼内柱础浅浮雕刻有花草纹，梁架透雕卷草龙纹，古朴大方，有一定的艺术价值（见图 11–29）。大门门匾刻有“成德楼”三字，三楼正厅挂有木刻楼匾。

图 11–28 招山村成德楼

7. 德馨堂

德馨堂，位于招山村，为林氏大厝与土楼民居建筑群，现保存有清代风格，坐东北向西南，土木结构，占地 3026.49 平方米（见图 11–30）。建筑面阔 42.86 米，进深 17.64 米，由山门、围墙、天院、前厅、天井、主堂、过水廊道及护厝楼组成，共 4 厅 46 房。前厅明间内凹，面阔三间，进深二柱，外檐次间均保留山水彩绘，明间隔扇窗雕刻精美，保存完好。主堂面阔三间，进深四柱，仅在前廊设三步小架梁，雕刻较为精致。

图 11–29 成德楼二楼梁架

图 11–30 德馨堂大厝与炮楼组合

8. 宗和楼

宗和楼，位于岭埔村岭边自然村，由华侨汤隆潜建于民国八年（1919年）（见图11–31）。该楼为土木结构，坐北朝南，方形五凤楼样式，占地面积479平方米，建筑由前厅、天井、后楼及两侧护厝组成，类似两进五开间两护厝的闽南大厝布局。

图 11–31　岭埔村宗和楼

宗和楼内外墙上均绘有各种彩绘，有宗教故事、山水花鸟、出洋帆船及各种寓意吉祥如意的图案，具有较高的艺术价值。

（四）高车土楼

1. 雨伞楼

雨伞楼处于高车乡洋竹径甲子峰海拔920米的小山上，建于明代，历代居住者曾多次修缮。该土楼依山势而建，内圈楼比外圈楼高一层，呈雨伞状，故名“雨伞楼”（见图11–32）。

图 11–32　洋竹径雨伞楼

雨伞楼为单元式结构，共18个开间，现存为清代建筑风格。据称，雨伞楼最早为杨氏所建，因此村的名字叫“杨竹径”，今称“洋竹径”，后来杨氏将其卖给蔡氏，蔡氏又卖给郭氏。雨伞楼以山顶为基，山川一色，有“土楼之仙”的美誉。今雨伞楼为省级文物保护单位。

2. **朝阳楼**

朝阳楼，位于高车乡前岭村，建于民国二年（1912 年），历时三年建成，为双层通廊式圆楼（见图 11–33）。该楼由童氏所建。楼门为花岗岩条石垒就，墙基采用鹅卵石垒砌，上部分墙体由三合土夯筑。墙体中部还设有不少小型墙洞，不仅可作为枪眼御敌，还具有瞭望、通风之用途。

图 11–33 前岭村朝阳楼

3. **济安楼遗址**

济安楼遗址，位于高车乡磜头村内洋自然村，俗称"楼顶寨仔"，建于明崇祯年间，坐南朝北，为三层单元式圆楼（见图 11–34、图 11–35）。楼为童氏所建，四周分布着该楼建造者同姓兄弟建造的外山楼、长春楼和萃春楼等。

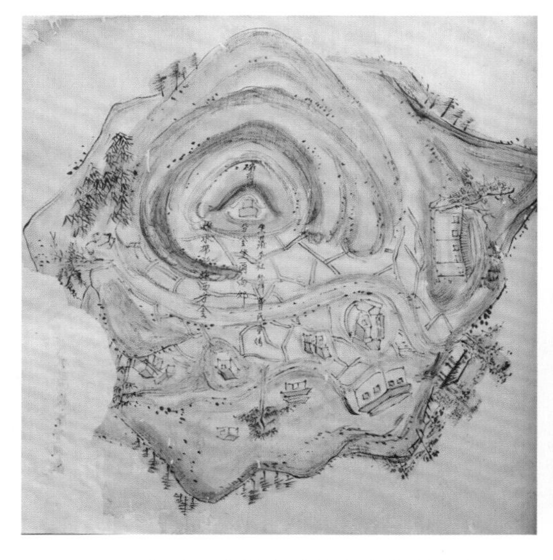

图 11–34 华安磜头村童氏古族谱中所绘地形图包含的方圆土楼（林艺谋供图）

图 11–35 高车乡磜头村济安楼遗址

该楼直径 41.5 米，通高 8.86 米，墙基高 3.6 米、厚 1.6 米。全楼分 28 单元，小单元为一室一梯，大单元为二室一梯，个别有三室的。单元内天井有通廊连系各单元，多布枪眼，一层还设有炮口，口径 28~25 厘米，平时外部为石块堵塞，几无痕迹。大楼天井中有一池呈椭圆形，于 7 米处架一石板桥（宽 0.80 米）以沟通两门。

磜头村是马坑、高安、高车、绵治交通的三岔口，地处交通要冲，为防盗抢，磜头先民童仕仪父子遂择地于社口龟山之巅建造此楼，建楼原意在于保境固本，故名济安楼。今济安楼已严重坍塌，现仅存北面部分房间。

（五）遐福楼

遐福楼位于湖林乡石井村石土楼自然村，建于清道光乙酉年（1825 年）。石楼为两层内通廊式方楼，设一大门二小门，占地约 700 平方米，楼高 10.3 米，每层设 16 个房间 4 个厅，四周外墙全部由方块石条砌成，墙基厚 1.4 米，至顶部厚 0.42 米，自下而上呈梯形，内墙为夯土（见图 11–36、图 11–37）。楼门石匾"遐福楼"三个大字用篆书写成，端庄大方，遒劲有力。

图 11–36　石井村遐福楼

图 11–37　遐福楼内景

遐福楼系印度尼西亚华侨陈兴匣出资兴建，石井陈氏历经 12 代，后裔达 500 多人，有 100 多人旅居海外。高峰时楼内住有 20 多户共 200 多人，现遐福楼保存完好，但已无人居住。

（六）新圩土楼

1. 启丰楼

启丰楼位于新圩镇黄枣村，建于清嘉庆四年，为黄枣饶氏所建（见图 11–38）。大门石匾刻"启丰楼"三字（见图 11–39）。土楼为圆形双环样式，高约 13 米，两层三合土夯筑。外环楼径约 70 米，现多已倒塌，仅剩石门。内楼楼径约 30 米，楼内已经没有住人。相传饶氏以航运业致富而建造此楼。

2. 隆兴楼

隆兴楼位于沙建镇利水村，建于清嘉庆六年（1801 年），为双环单元式圆土楼，外环为后来加盖，高一层。内环设两门，墙基及内外平台用鹅卵石铺就，楼高两层，高约 11 米，由三合土夯筑（见图 11–40、图 11–41）。土楼保存完好，今为县级文物保护单位。

图 11–38 黄枣村启丰楼航拍

图 11–39 启丰楼楼匾

图 11–40 利水村隆兴楼航拍

图 11–41 隆兴楼内景

3. **绵治楼**

绵治楼位于新圩镇绵治村，建于明崇祯六年（1633 年），为单元式三层方形石楼。外墙由石条砌成，一楼墙体厚 1.58 米，楼宽 32 米、进深 32 米，高 9 米（见图 11–42、图 11–43）。该楼有 2 个小门，1 个大门，楼内设多处射击孔，防御功能较强。

图 11–42 绵治村绵治楼

图 11–43 绵治楼门匾

4. 天保楼

天保楼位于新圩镇绵治村，建于清光绪戊寅年（1878 年），为长方形两层土木结构，两边有护厝。主楼长 42 米，深 20 米，楼中厅为祖堂，二楼中厅为神堂。土楼为通廊式，整座土楼保存较好，护厝也精致，楼上有进入护厝的小门，连接护厝与主体结构间的小院子（见图 11-44 至图 11-46）。

图 11-44　绵治村天保楼

图 11-45　天保楼门匾

图 11-46　天保楼内景

5. 芳山楼

芳山楼，位于新圩镇华山村，建于清道光十一年（1831 年）。楼宽 21 米，深 22 米，前楼二层，后楼三层。左侧和后方有护楼，后方护楼成半环形（见图 11-47）。护楼多毁，楼内破败无人居住。大门门匾刻“芳山楼”，上款竖刻“道光辛卯年”，下款“嘉平月吉旦”，楼中天井，后楼左右两侧开小门。楼建于山坡上，梯度升高。

图 11-47　华山芳山楼侧影

（七）高安土楼

1. 厚德楼

厚德楼，位于高安镇高安村茶坂自然村，俗称“姓阙楼”。厚德楼始建于清初，坐西南向东北，为前低后高五凤楼样式土楼，面阔 23.79 米，进深 21.85 米。楼为前两层后三层，中有天井，楼墙底部宽约 1 米，后楼下中间大厅做为阙氏宗祠使用（见图 11–48）。历史上厚德楼屡毁屡修，现存建筑为民国十三年（1924 年）阙氏族人在原地重新修建的，历时 6 年，于民国十九年（1930 年）完工。楼前原有一口风水池，整个建筑规模宏大。现为漳州文物保护单位。

图 11–48 高安村厚德楼

2. 联春楼

联春楼位于高安镇邦都村，坐东向西，共三层，楼高 16 米，共有 60 间房，占地面积 4620 平方米，建筑面积 3654 平方米。燕尾脊式的屋顶，屋檐与外墙平齐，显得壮观而独特（见图 11–49 至图 11–51）。据《福建省革命遗址通览》记载，华南区游击队战斗遗址即位于联春楼。20 世纪 60~70 年代，联春楼是当年上山下乡知识青年的劳动居住场所。

图 11–49 邦都村联春楼

图 11–50 联春楼门匾

图 11-51　联春楼内景

（八）马坑土楼

1. 福田村土楼群

马坑福田村，环境优美、气候宜人，为中国传统村落、省级历史文化名村、革命老区村，是一个历史悠久、文化底蕴深厚的古村落。福田村以李姓为主，开基祖廷敏明代从漳平永福李庄迁来，村民有的还是讲永福客家话。全村人口不到一千人，村里土楼、土寨、大厝等古建筑留存丰富，其中土楼寨堡主要有三座。一座是村里最老的寨楼，仅剩残墙，由乱石混和土垒建，另两座正在维修中（见图 11-52 至图 11-54）。

图 11-52　福田村老土楼残墙

图 11-53　土楼一楼石窗

图 11-54　福田村 53 号土楼远眺

2. **萃庆楼**

萃庆楼位于马坑乡和春村，建于清代，为三层方形内通廊式建筑，土楼内装饰有十多幅珍贵彩绘和书法，外表质朴，内饰精美（见图 11-55、图 11-56）。

图 11-55 和春村萃庆楼

图 11-56 萃庆楼内景

（九）侯山楼

侯山楼位于华安县丰山镇湖坪村，清雍正十二年（1734 年）建，为单元式与通栏式相结合的砖土楼建筑，楼为方形，长 53.1 米，宽 43.4 米，楼高 13 米，墙基高 3.7 米，厚 1.45，由条石砌成，上为青砖，墙体厚度逐渐递减，二楼墙厚 1 米，三楼墙厚 0.6 米。楼内设 36 个单元，共有 108 个房间，一楼为单元式，二楼设有通栏，今存部分挑出的通栏悬台（见图 11-57）。

图 11-57 侯山楼内景

侯山楼设东、南、北三个门，正门朝东，门匾书“侯山楼”行楷三个大字，边款书“雍正甲寅仲秋立”（见图 11–58）。湖坪村地处九龙江北溪中上游，水路比邻丰山、浦南及漳州城，古时是重要的货物集散地。传侯山楼为李氏所建，今为杨氏居住，后裔传芗城区天宝后巷等地。

图 11–58　侯山楼大门

二、华安寨堡

（一）沙建寨堡

1. 全保楼

全保楼位于沙建镇汰口社区，又称汰口寨、桃源口古寨，寨呈长方形，分设三个门，正门上方镌“全保楼”，后门无门匾，侧门匾“百谷朝宗”（有人认为此为正门）。寨堡外墙长约 84 米，宽约 46 米，墙高近 10 米，建筑面积达 3800 多平方米。

全保楼建于龟山顶，犹如“金龟背印”，寓意吉祥如意，安定康和（见图 11–59）。步入古寨，是鹅卵石铺就的直街，俗称“天街”，两侧是各两排的房子，内侧是对称的平房，外侧是对称的两层楼房，外围两侧又各加建了对称的两层楼房，形成错落有致的建筑布局（见图 11–60）。

图 11–59　全保楼航拍

图 11–60　全保楼内直街

2. 垂裕楼

垂裕楼位于沙建镇沙建村，建于清道光二十三年（1843 年），建筑面积约 2400 平方米。平面布局为3街5巷，南北走向的有3条，东西走向的有5条。南北各有2座相对高耸的两层门楼，北向为前楼，南向为后楼（见图11-61）。

楼堡的石墙基座为青石条垒就，上方为红砖砌成，城高4米多，厚约2米，正大门门额刻有“垂裕楼”三个大字，两旁镌刻着有“清朝道光二十三年阳月吉旦”字样（见图11-62）。

图11-61 垂裕楼内中街

图11-62 垂裕楼大门

3. 朝营大厝

朝营大厝位于沙建镇朝营村。建于20世纪50年代，村民集资合建了这座规模宏大的六进两护排的大厝，六落大厝整齐排列，两边为护厝，整个建筑外围近乎合围，为寨营建筑样式（见图11-63）。过去整个村的人几乎都居住在里边。

图11-63 朝营大厝航拍

朝营村为康姓村落，其祖先从龙溪迁来，传至今有300多年的历史。古时朝营村经常遭到土匪的侵扰，因此在朝营村中建有一圆形土楼，村附近两个山头建有山寨。

朝营大厝与圆土楼组合成前圆楼、后排厝的天圆地方格局。近年村中的圆土楼部分拆除，改建为戏台和新居，从空中俯瞰，格局依然存在。

4. 出丁楼

出丁楼，位于沙建镇西坑村，始建于明代，明万历《漳州府志》载曰“西坑土楼”，应该即为此楼。原为三层夯土方形楼堡，无楼匾，内设一街二巷（见图11-64至图11-66）。村民俗称出丁楼。

图11-64　西坑村出丁楼航拍

图11-65　出丁楼内景

每年元宵火把节神明巡游时，队伍必须穿过出丁楼，据说新婚夫妇结婚也要来楼里游走一圈，祈求儿孙满堂。太平军过漳州时该楼被烧毁，后又重建。现楼宽40米、深51米，高约9米，建筑面积2040平方米。楼内约有80间房，呈两层长方形楼结构，由条石及夯土垒砌而成。该楼辉煌时曾住过320多人，现已无人居住。

（二）华丰镇草坂村种玉楼

种玉楼位于华丰镇草坂村九龙江畔，为草坂李氏第17世李国岱于清代咸丰丁已年（1857年）所建。种玉楼正面朝南，高两层，平面呈长方型，类似五凤楼的结构，占地面积约两亩。正面设三门，主楼中间为正门，门匾书“种玉楼”三字，边款“咸丰丁已冬”。两边护厝各设一边门，护厝与主楼之间的天井通往二楼处各设有20多级木梯，这样的设计在土楼里十分少见（见图11-67）。

图11-66　出丁楼正门

图 11–67　草坂村种玉楼

种玉楼主楼大厅下设天井（见图 11–68），天井两边各有两间房，屋前各有一道走廊，其中第二间及互对一间做为金库，不开窗户。主楼上下两层共有 4 间大厅，20 间房。主楼两边护厝，楼上楼下共有 16 厅 16 房。整幢土楼共计 20 厅，36 房。楼内靠外墙体设有多处瞭望孔。

种玉楼四周砌有长度约 200 米围墙，墙高 2 米、宽 0.3 米（见图 11–69）。门前庭院近 300 平方米，围墙边栽种 4 棵芒果及龙眼树，供族人避暑纳凉。土楼后面围墙内右向有一口水井。整座土楼规模宏大，高峰时里面居住过 200 多人。民国时期土楼里有多户人家漂洋过海移居印度尼西亚，后裔传新加坡、中国台湾、中国香港等。

图 11–68　种玉楼护厝里的天井

图 11–69　种玉楼外墙

（三）丰山寨堡

1. 银塘寨堡群

银塘寨堡群位于九龙江北溪中游的丰山镇银塘村，清代时属漳州府龙溪县二十三、四都游仙乡九龙里银塘保，赵姓是村中的大姓。村中分四个角落，古时每个角落分别建有一座寨堡。四堡分别名为“千秋楼”、“追远楼”、“日新楼”及“安庆楼”（见图 11–70 至图 11–75）。

今存日新楼和千秋楼两座寨堡。日新楼是四座寨堡中保存最为完好的一座。日新楼巨大条石垒砌的城门，至今保存完好，高高的城墙上可供骑马瞭望，寨内中间设有一主街，街道两侧筑有前、中、后三落的民居，整个布局体现了居住和防御相结合的特点。

图 11–70　银塘村千秋楼航拍

图 11–71　千秋楼大门

图 11–72　日新楼大门

图 11–73　日新楼边门内侧

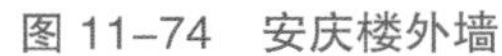
图 11–74 安庆楼外墙

图 11–75 安庆楼内的旗杆石

2. 嘉美楼

嘉美楼位于丰山镇下尾村，寨堡呈长方形结构，为两层夯土楼房，墙厚近 1.5 米，有南北两个出入大门，堡内街道、当行、古井等设施齐全，是古时聚族而居和防御的理想居所（见图 11–76、图 11–77）。嘉美楼现为华安县文物保护单位。

下尾村赵氏，始祖造父因平叛有功，被赐赵城，封姓赵，宋朝赵氏家族更是显赫。赵与公于宋宝庆二年（1226 年）择北溪九龙江边的银塘村定居，而后又有分支下尾村。

图 11–76 下尾村嘉美楼航拍

图 11–77 嘉美楼门洞

3. 康山楼

康山楼，位于丰山镇康山村，寨堡依山势而建，寨内有上街、下街两条街。南北各设一个门，正门朝北（见图 11–78）。堡内为陈姓聚居。

康山村位于丰山镇中心的半丘陵地带，距丰山镇政府所在地 3 公里，距漳州 20 公里。康山村陈姓属于“北陈”，始祖为“开漳圣王”陈元光，宋仁宗天圣年间，陈元光后裔十五世开居浦西，后分支到康山村。

4. 龙径寨

龙径寨位于丰山镇龙径村，为方形石寨，大门正对中轴线内街（见图 11–79）。龙径其东与浦西村相连，西与后壁沟村接壤，北与玉兰村西山自然村相邻，现与浦南镇福星村隔江相望。为林姓村落，由仙都迁居丰山烘都社，后迁居龙径村繁衍至今。历史上龙径人才辈出，明代诞生了林知音进士等先贤。

图 11-78　康山楼后门

图 11-79　龙径寨大门

5. 厚永楼

厚永楼，位于丰山镇寨坂村中，楼建于清康熙二十六年（1687 年）平面呈方形，二层以下楼基为条石砌成，墙厚约 2 米，第三层墙体为三合土，楼高三层，占地面积 2569 平方米，城墙布有小孔洞百余处。楼中有二排平房和一口古井。厚永楼仅设一个大门，大门上存石质楼匾“紫苑世泽”，落款有“康熙丁卯岁”及“阳春谷旦立”字样（见图 11-80、图 11-81）。

厚永楼建楼之初为王、林两族人混居，后来林氏丁财两旺，厚永楼基本上由林氏族人居住，高峰时楼内居住近 500 人。寨坂林氏开基祖为孔著公第 28 世孙林宗瑞、林存恭于明正德四年（1509 年）自浦南溪园移居寨坂村。

图 11-80　厚永楼航拍

图 11-81　厚永楼大门

三、华安山寨

1. 隆兴寨

隆兴寨，位于新圩镇华山村，是方氏开基祖于明万历三十年（1602 年）在一

图 11-82 华山隆兴寨大门

个蜈蚣吐珠地形的山顶建造的。为祈求方家财丁两旺、百业兴隆，寨子取名为“隆兴寨”。寨内原有花山书院，属五凤楼双向对背结构，共有十间房，其中五间房坐东向西，五间房坐西向东。寨顶与村落差有 80 米，居高俯瞰，风光秀丽，心旷神怡，是读书治学的好地方（见图 11-82）。

2. **朝营山寨**

朝营山寨位于朝营村一两公里外的山上，为古时村民避乱抵御土匪的临时避难点。山寨呈椭圆形，寨门靠近村庄位置，为乱石垒砌而成，厚约 1.5 米，留有栓门洞（见图 11-83、图 11-84）。寨进深 12 米左右，周长 120 米。外墙乱石垒砌，高两三米，内墙高不足一米。

图 11-83 朝营山寨栓门洞

图 11-84 朝营寨大门

第十二章 南靖县土楼与寨堡

南靖，位于漳州西北部，九龙江西溪上游，东与芗城区接壤，东南与龙海区、高新区相邻，南与平和县相连，西与龙岩市永定县毗邻，西北与龙岩市新罗区交界，北与龙岩市漳平市相邻，东北与华安县为邻。境内西南至西北为山区，东部靠近县城为平原。地势落差较大，居民聚落乡社从海拔七八百米到十几米不等。境内一千米以上高山有52座，其中与漳平交界的朝天岭主峰金面山海拔高1342.7米、鸭尖山海拔高1225米，和溪西部东溪炉山海拔高1232.7米，与华安交界的粗石尖峰海拔高1153米，南坑与平和交界的小尖仔峰海拔高1178.8米。最高点为书洋乡的蛟塘岽，高1390.9米。

南靖县境内的河流为九龙江西溪的干流及各支流，主要河流有船场溪、龙山溪、永丰溪三大水系，船场溪与龙山溪流至靖城双溪口汇合流入芗江即九龙江干流，经过漳州流至龙海境内入海。全县大小溪河有72条，总长1066千米。[①] 这些溪河或发源于本境，或从邻县流入。因此，南靖县大体又是山高水长的县。四五十座千米以上的高山，几乎都是在西、南、北、东北、西北县境边缘方向上排布的。实际上这些山峰从三个方向将南靖围向东部形成一个瓮口，是一个壶形的地理形势。境内山高林密，溪流纵横交错，地形呈零碎切割状，是一个典型的山区县。

南靖（南胜）县建置于元至治二年（1322年）。县志载有"析漳州路之龙溪、龙岩和漳浦三县交界地域设南胜县"[②]，县治位于九围矾山东麓。元至元三年（1337年），畲寇李胜（志甫）、黄二使等作乱，杀长史晏只哥、同知郑晟，府判喜春会万户张哇哇（一作张生）讨之不利[③]，乃徙南胜县治于小溪琯山之阳。元至正十六年（1356年），南胜县尹韩景晦以小溪琯山地僻多瘴，乃徙双溪之北改名南靖，辖一坊七里。

南靖现辖山城镇、丰田镇、靖城镇、龙山镇、金山镇、和溪镇、奎洋镇、梅林镇、书洋镇、船场镇、南坑镇11个镇共201个村（居委会）。现南靖县人口绝大部分是汉族，讲闽南话的人占大多数，部分人口讲客家话。据统计数据显示，全县客家籍后裔

---

① 吴荣宗：《南靖县志》，方志出版社1997年版，第85页、第85至第94页。

② 清乾隆《南靖县志》卷之一《建置》。

③ 明万历《漳州府志》卷之四《漳州府·秩官下》。

约有10万之众，其中在县城约一万人（多由客家乡镇迁来），而保留客家方言的，集中在梅林和书洋两个镇。[①] 南靖早期居民大都从客家聚集地迁出。若从祖源地认同法论说的话，南靖百分之八九十的人口都是客家人，但显然这种论说太过泛化；若从风俗习惯、语言保留方面来看，迄今全县客家籍后裔约有10万之众，占全县人口1/3强，但很多都不会说客家话。至今仍保留客家方言的约两万人，可以说是真正的客家人。但大多只有老年人用客家话交流，年轻人大都外出务工往城市发展，很少说客家话了。随着农村与外界联系的加强，社会文化的变迁可以说是日新月异。

南靖是休闲农业与乡村旅游示范县、国家级畜牧业绿色发展示范县、中国白背毛木耳生产示范基地、福建省最大的兰花集散地和咖啡、铁皮石斛种植基地。南靖农业资源丰富，是兰花、金线莲、香蕉、麻竹、芦柑的重要产地。南靖自然生态优美，素有“树海”“竹洋”之称。

南靖也是漳州重点侨乡和台胞重要祖籍地之一，“世遗”福建土楼所在地之一，拥有首批全国历史文化名村之一的田螺坑村和7个中国传统村落、6个中国景观村落。现存土楼一千多座，以造型最奇特、历史最悠久、保存最完整闻名于世。

南靖土楼以通廊式方、圆土楼两类为主，方楼多于圆楼，南靖县的大多姓氏来自闽西客家地区，且多由永定、上杭迁来，在地理上也相邻，经济上往来密切，互相通婚等，这些是南靖土楼分布及特点分析上不得不关注的方面。

就南靖土楼分布区域来看，土楼较集中于书洋、梅林、奎洋、南坑、和溪等这几个与闽西永定、龙岩相邻的山区乡镇，它们都分布在九龙江西溪上游地区。以方言民系与居住形式而言，奎洋、书洋、梅林地区的传统住宅都是土楼，且多为客家民系。沿九龙江西溪而行，越靠近下游，越近平原，土楼越少。而南靖境内的民系分布是：客家或祖先从客家地区迁来的闽南人（或称呼为福佬客）高度集中于山区乡镇，如梅林、书洋、奎洋等，居住形式以土楼为主；来自东南沿海的闽南人，则高度集中于近平原的乡镇，如靖城、山城与龙山，较少以土楼作为其主体居住形式。

据1999年南靖土楼资源普查数据可知，自15世纪至20世纪80年代，南靖全县共有大型土楼1388座，其中圆形楼241座，方形楼751座。[②] 土楼多汇集于县域西北、西南部山区乡镇。以林嘉书20世纪90年代对南靖县各姓氏土楼的调查分析来看，西北部的奎洋庄氏土楼数量排名第一，奎洋庄氏聚居村落总共有130座土楼，其中圆楼29座，方楼101座，即以方楼为主。[③] 然而遗憾的是，奎洋土楼多数淹没于南一水库中。另外，还有一些大家族形成的土楼聚落，如书洋镇的刘氏、李氏、萧氏，梅林镇的简氏、魏氏、张氏，南坑镇的赖氏、曾氏，和溪镇的林氏等家族。

南靖的土楼建筑技艺多传自邻近的闽西。土楼大多数请永定、上杭的泥匠和木工师傅来建造。清代以来，南靖客家人对土楼建造已相当熟悉。明清时期建造的土楼，

---

① 魏鸿志：《南靖县客家源流考》，中国市县发展网，http：//www.360doc.cn/mip/141820472.htm.

② 中共南靖县委党史和地方志研究室编：《南靖县志》，上海人民出版社2020年版，第684页。

③ 林嘉书：《闽台移民系谱与民系文化研究》，黄山书社2006年版，第132–153页。

大多数是普通夯土墙，少数以干夯或湿夯三合土为外周底墙，也有以特殊三合土为底层腰墙的。普通夯土墙用土须是无腐植质的净红壤土，再配以细河沙或田底层泥或老墙泥复合发酵后的熟土。湿夯三合土即以砂、石灰、红壤土三种材料配水，反复搅拌复合。干夯三合土即以砂、石灰、红壤土三种，不配水，反复搅拌和充分发酵。特殊配方三合土是将红糖、蛋清、糯米三种材料经过计量，调入足够的水搅匀再加入三合土中翻锄和匀，可使土墙异常坚固，永久不变，但成本较高。

一、南靖土楼

（一）“世遗”土楼

1. 裕昌楼

裕昌楼位于南靖县书洋乡下版寮村上节社，有认为其建于明初，土楼坐西朝东，为通廊式圆楼，高 18.2 米，共 5 层，每层 54 间，共有 270 间房，占地面积 2289 平方米，建筑面积 6358.2 平方米，第一层墙厚 1.8 米，往上逐层减缩 10 厘米（见图 12–1）。土楼为土木结构，楼内墙体以杉木和三合土夯筑，土楼底层作为厨房，每户家里均设一口水井，加上楼埕的一口大水井，全楼共有 22 口水井，是福建土楼中水井最多的一座土楼，楼内井水清冽，水源充盈，拿起水勺伸手即可打水。现楼中有刘姓 100 多人居住。

图 12–1　裕昌楼夜景（冯木波摄）

楼内三楼、四楼回廊支柱朝顺时针方向倾斜，五楼回廊支柱又朝逆时针方向倾斜，最大的倾角达到 15°，人称“东歪西斜楼”。裕昌楼最初由刘姓族人兴建，整座楼设计为五大卦，大卦 13 开间，小卦 9 开间，每卦设一楼梯，外墙设 5 个瞭望台。五姓人家，五层结构，五个单元，五行排列，体现土楼人家祈望五谷丰登、五福临门的美好愿望。

土楼外围高大，楼内大埕正中设祠堂，祖堂正门地面用卵石铺成大圆圈，分五格，代表金、木、水、火、土五行（见图 12–2）。裕昌楼祖堂有三门：正门为喜门，喜事、迎神由正门进出；左为生门，保佑小孩平安由此进出；右为死门，办丧事由此进出。

图 12–2 裕昌楼外景

下坂村山环水绕，绿树如烟，一条小溪从村中流过，溪畔边 30 多座土楼点缀其间，错落有致。除了裕昌楼之外，边上还有翻身楼、聚源楼、涧滨楼、德昌楼等土楼组合成土楼建筑群。

2. 田螺坑土楼群

田螺坑土楼群位于书洋镇上坂村田螺坑自然村。2001 年 5 月，田螺坑土楼群被列入国家重点文物保护单位；2003 年 11 月，田螺坑村被评为中国首批历史文化名村；2007 年，田螺坑村被评选为首批中国景观村落；2008 年 7 月，田螺坑土楼群被列为世界文化遗产（见图 12–3）。

图 12–3 田螺坑土楼群俯瞰

田螺坑土楼群包括一方、三圆、一椭圆共五座楼（见图 12–4）。中间的方楼年代最早，为建于清嘉庆元年（1796 年）的“步云楼”，含步步高升之意。而椭圆形土楼叫“文昌楼”，建于 1966 年，有文运昌隆之意，是五座当中最年轻的。圆楼“和昌楼”，重建于 1953 年。土楼群左右两边的“瑞云楼”与“振昌楼”都是建于 20 世纪 30 年代的土楼。这五座土楼以其独特的形状被亲切地称为“四菜一汤”，古建筑专家罗哲文教授赋诗：“田螺坑畔土楼家，雾散云开映彩霞。俯视宛如花一朵，仰看神似布达拉。或云天外飞来碟，亦说鲁班墨斗花。似此楼形世罕有，环球建苑一奇葩！”

图 12–4　田螺坑土楼群仰视

田螺坑土楼群现为黄姓家族居住，五座土楼均为内通廊式土木结构。一层为厨房，二层多为谷仓，三层为卧室。每座土楼的内天井以鹅卵石铺地，中置一口水井。土楼群依山就势，布局合理，从山上往下看，就像一朵盛开的梅花点缀在群山之中，体现了人与自然和谐相处的居住环境。

3. 河坑土楼群

河坑土楼群位于书洋镇曲江村河坑自然村，是我国第二批中国景观村落，2008 年 7 月河坑土楼群被列入世界文化遗产名录，依山傍水。在不足 1 平方千米范围内密集排布 14 座不同年代的大型土楼，7 座明清时期的方形土楼，7 座当代建造的圆形土楼，构成了两组地上“北斗七星”的奇观（见图 12–5）。

在河坑土楼群中，明清时期建造的朝水楼、永盛楼、绳庆楼（见图 12–6）、永贵楼、阳照楼、南薰楼、永荣楼 7 座土楼都是方楼，而当代建造的 7 座土楼都是圆形土楼。建造土楼都是就地取材，利用泥土、石头和杉木构筑而成，它们来自大地，而土墙倒塌、木材腐朽之后，又回归自然。

其中，最具特色的是呈五角状的南薰楼，该楼初建时楼门坐东向南，因对面的山峰与大门对冲，人们认为不吉利，后把楼门改为坐北朝南，成为南靖县唯一一座厅堂在楼右侧的土楼。初建时高 4 层，1923 年被火烧毁，重修时改为 3 层。

图 12–5 河坑土楼群

图 12–6 绳庆楼

4. 塔下土楼群

塔下土楼群位于南靖县书洋镇塔下村。塔下村是首批 15 个中国景观村落之一，有“高山水乡”“闽南周庄”“太极水乡”之誉。塔下村沿河两旁，建造了一座座集居住、防御等功能于一体的合围式土楼建筑，从村空中俯瞰，村中蜿蜒流过的“S”形小溪与坐落岸边的土楼构成一幅美妙的太极图案，故有“太极水乡”之称（见图 12–7、图 12–8）。

图 12–7 塔下村景观

图 12–8 塔下土楼群 （冯木波摄）

塔下土楼群中最早的土楼是福兴楼，建于明崇祯四年（1631 年），为塔下张氏七世东崖公所建，以后又陆续建造方形、圆形、围裙形、曲尺形等 42 座土楼，错落有致地分布在两岸。

塔下村还有一座称为“围裙楼”的圆形土楼裕德楼，其圆周半圈为 4 层高楼，另半圈为 3 层高的围墙，状如围裙，俗称“围裙楼”。

5. 云水谣土楼群

云水谣原名长教村，是南靖县梅林镇官洋、璞山、坎下三个自然村的总称。村落沿长教溪蜿蜒近两公里，长教溪边是一条被踩的溜光圆润的鹅卵石古道，以怀远楼、和贵楼为主，两岸分布着福源楼、福兴楼、翠美楼、德风楼等近 20 座不同样式的土楼建筑。溪岸两旁分布 13 棵百年古榕树，其中最大的一棵号称“八闽第一榕”，树干十多人才能合抱，树荫覆盖面积近2000平方米，蔚为壮观。

（1）和贵楼

和贵楼位于梅林镇璞山村，建于清雍正十年（1732年），和贵楼楼名寓意“以和为贵”，该楼由璞山简氏祖先简次屏公，建在一片面积达1500多平方米的沼泽地上，用200多根松木打桩、铺垫，上面再盖起五层楼高的土楼（见图12-9、图12-10）。和贵楼历经近300年仍坚固稳定，保存完好，人称“沼泽地上的诺亚方舟”。2001年5月，和贵楼被列为全国重点文物保护单位。

图12-9　璞山村和贵楼

图12-10　和贵楼内进士匾

和贵楼为方形，坐西朝东，底层墙厚1.3米，往上逐层收缩，墙体总高17.95米，土墙的高厚比为13 ∶ 1。和贵楼后楼高17.95米，前楼高17.08米，楼外有15间护厝，楼中又有一座私塾，形成“厝包楼、楼包厝”的平面布局。和贵楼前方为围合式院墙，院门开于左前方。

和贵楼内共有140个房间，大门楹联“和地献奇山川人物星斗画，贵宗垂训衣冠礼乐圣贤书”，楼内东西南北四角有四部楼梯通向各层楼。土楼人家历来重视文化教育，天井中心为祖堂，亦作为私塾堂使用，堂前门上挂着两块木匾，分别是“兴学敬教”和“兴学利侨”匾牌。

（2）怀远楼

怀远楼位于梅林镇坎下村，建于清宣统元年（1909年），为旅居缅甸的华侨简新喜所建。土楼为单元式圆形，楼径38米，高4层，建筑面积4520平方米（见图12-11）。墙基由鹅卵石和三合土垒筑，外墙设有4个瞭望台，瞭望台上置射击口，既可观景，又可作为防御。

图12-11　坎下村怀远楼远眺

怀远楼充分利用大型河卵石和夯土墙两种材料的不同特性，采用“倾壁造”技术营建，为鼓形土楼。楼内雕刻精美，室内外窗花等建筑材料多是从南洋运来，楹联诗对、雕梁画栋诠释了“忠孝为本，耕读传家”的思想，是闽南建筑风情与中国儒家文化完美结合的典范，是南靖土楼中较精美、文化内涵较丰富的土楼之一（见图 12–12、图 12–13）。

图 12–12 怀远楼内圈门

图 12–13 怀远楼内景（冯木波摄）

怀远楼有三个特点：一是它的排水系统是众多土楼中设计较讲究的。从楼中到大门共设计了 3 个水道，每个水道安放一口水缸，楼内污水中的泥沙可以沉在水缸里，以便清理。这座楼近百年来没发生过污水淤积，其中还有一个重要的原因，就是聪明的楼民在下水道中放养了几只乌龟，乌龟在排水道中爬行可以清除水沟的淤泥，以保持排水道的畅通。二是它的防卫设施周到、齐全。怀远楼的二层用竹筒做 3 个灌水道直通大门，如果遇到外来侵犯并用火烧门时，就可以从这里向下灌水，把门板淋湿，将火淋灭，达到防火目的。三是门板上钉有铁皮，大门一关，枪弹打不进去。

怀远楼门额书“怀远楼”，“怀远”寓意胸怀远大理想、宁静致远。怀远楼内每层设有 34 开间，4 部楼梯均匀分布，可通向各层通廊，通廊两侧门头，写有“宝田”与“玉树”四字。

怀远楼的精美之处是楼中楼“斯是室”，“斯是室”位于土楼中庭，为“四架三间”上下堂五凤楼建筑样式，下厅叫“诗礼庭”，是私塾讲学的地方。厅门楹联：“诗书教子绍谋远，礼让传家衍庆长”。下厅墙上悬挂有国民革命军东路总指挥何应钦所赠“助我义师”牌匾（见图 12–14）。

图 12–14 怀远楼内“助我义师”牌匾

“斯是室”木窗雕刻着九只形态各异的龙，屋架斗拱上还别出心裁地装饰着木刻书卷式饰物，并镌篆书镏金对联：“月过花移影，风来竹弄声”，“琴书千古意，花木四时春”。“斯是室”两边厢房，以前是教书先生的住房和书房。全楼有大大小小共 26 副对联，处处洋溢着浓郁的书香气息。

（3）广居楼

广居楼为云水谣简氏十三代孙简次水建于清康熙五十九年（1720年），为长方形带院落的三层土楼，坐东向西，楼门开于左侧朝南，楼墙鹅卵石垒砌（见图12–15、图12–16）。主楼为厅堂式三开间夯土版筑，三楼左右间加高一层，楼建完后没有楼名。

图12–15　云水谣广居楼

1758年冬天，由南坑高港人曾竹山取楼名，并在其外楼大门上书写“广居”楼名，左右落款“戊寅冬”“高港书”；内楼大门门额书另一楼名“怀德楼”，为1943年从缅甸经商回乡的简宗尧出资维修后，请乡绅简炯山所书，现字已模糊不清。云水谣申遗后，因为其身量小巧，三层高耸又临水而立，被誉为云水“黄鹤楼”。

图12–16　云水谣景区

（二）非“世遗”土楼

1. 梅林土楼群

梅林土楼群位于梅林镇梅林村，现为中国景观村落（见图12–17）。这里四面环山，曲梅溪穿境而过。早在元朝至正年间，这里就聚居着罗、林、关、蔡、石、卢、牛等多姓人家，梅林人在溪流旁先后建起46座夯土版筑土楼。目前，尚存土楼25座，有方楼14座，圆楼11座，其中和胜楼、松竹楼、辑宁楼等都有300多年历史。而建于1987年的华兴楼，为南靖建成最晚的土楼之一。

图12–17　梅林土楼群

（1）和胜楼

和胜楼位于梅林村蕉坑，俗称“白楼”，又叫“大楼”，因该楼人才辈出，楼前石旗杆林立，故又称“旗杆楼”。（见图 12-18）。该楼是清初闻名遐迩的慈善家、富甲一方的魏映云所建。和胜有“三奇”：第一奇是六个大门犹如宫殿式的成一条直线，层层叠叠，壮观气派。它既合八卦的六爻，又合“六六大顺”的吉数。第二奇是该楼门前的石坪上立有 11 根石旗杆。在所有的土楼中，石龙旗杆如此集中和众多，十分罕见，第三奇是该楼主楼高 14.2 米，从第二层起，一层比一层高，暗含步步高升之义。

图 12-18 梅林和胜楼

（2）南庆楼

南庆楼位于梅林村，俗称“十八罗汉守大门”。该楼由一座 4 层高、每层 20 间的方楼和一座两层高、每层 30 间的半环形的土楼组成，形如日月相伴（见图 12-19）。地面全是鹅卵石铺就，三口水井，呈三角形，间距大约相等。三口水井各有不同的名称，楼东面的为铜锣井，楼内为铙钹井，楼西面为鼓井，如果用小石子分别投入不同的井里，三口水井则会发出不同的如锣、铙钹、鼓等的奇妙乐器声。更妙的是，楼设有大门侧门共 18 个，寓“十八罗汉”守大门之意，门套门，宛如迷宫一般（见图 12-20）。

图 12-19 南庆楼远景

（2）顺裕楼

顺裕楼建成于1947年，楼径达74.1米，高14.94米，共4层，占地面积4977平方米。全楼设288个房间，加上楼中楼的88个房间，共有376间。顺裕楼是南靖最大的圆形土楼，也是中国房间数最多的单圈圆土楼，获“世界吉尼斯之最”，顺裕楼背靠青山，气势恢宏（见图12-25、图12-26）。据说从清末年间开始筹建，历时30多年才建成，顺裕楼居民为张姓，今仍有多户人家居住于楼内。

图12-25　顺裕楼航拍

图12-26　顺裕楼

3. **南欧土楼群**

南欧村原名“南兜村”，位于书洋镇西南面约8公里，村中有土楼26座，其中方楼11座，凸形楼、凹形楼各3座，交椅楼1座，圆楼1座。从卫星照片上看，1座圆形楼与9座方形楼连成串，形成“九菜一汤”的格局。不同形式的土楼，层层叠叠，高低错落，构成一幅壮丽的土楼画卷（见图12-27、图12-28）。

图12-27　南欧土楼群一角

图12-28　南欧土楼群一角

（1）永贵楼

永贵楼又叫下老楼，是南欧村较早的土楼。该楼由方楼与围楼组成，前为两层围楼，后为四层主楼，形如“凹”字。1998年，东南一角塌陷后被拆除。

（2）德馨楼

德馨楼又叫水尾楼，是一座有着350多年历史的方形土楼，楼高14.6米，外墙厚1.5米，有4层（见图12-29、图12-30）。

图12-29 德馨楼

图12-30 德馨楼内景

（3）永富楼

永富楼又叫上老楼，原为叶姓所建，系南欧村较早的两幢土楼之一。该楼4层共88间，大门后南侧墙上置一神龛，供奉土地公，中间天井正中挖一口井。背后的山头形似田螺，按风水说法应建成圆楼，如果建成四方形，家族会逐渐衰落。后叶氏果然衰落，将此楼卖给德远堂九世后裔张文运。

张氏为改变风水，把完整四层的四方型楼前面降低一层，成为一缺口，形似“凹”字，似是田里为排出积水所开的缺口，寓意活水长流，人丁兴旺，后来该楼被称为“田缺楼”（见图12-31）。永富楼没有石砌的墙基，直接在地面夯起土墙，后来才在墙脚外侧贴上石头，以防雨水浸泡造成塌陷。

（4）植槐楼

植槐楼又称进士楼，为四方楼，但楼正面北侧却另有一座两层楼，占用了一角，使得四角的方形变成五角的曲尺型（见图12-32）。楼设三层，高12米，计70间。此楼是清代进士张金拔之父张赞廷于清嘉庆年间建造，造型独特，楼内木雕精美，别具一格，门前楼坪用小石砌一米多高围墙，开一个门，门额题写正楷大字“进士第”。大门北侧开一个边门，通向楼边的后花园——槐园。

图12-31 永富楼

图12-32 植槐楼

（5）远庆楼

图 12-33　远庆楼

远庆楼建于清顺治元年（1644年），为南欧村张氏开基后所建的第一座楼。楼为四层，共106间房，楼外有一井（见图12-33）。因顺山势而建，楼的前部、中部、后部层层向上，整座楼呈台阶状。北侧为四层台阶，南侧为三层台阶，土楼除了四个主梯，里面走廊也依次有梯阶，长短梯共36部。其大门正对山峰，楼前溪水过楼角后向西拐了个弯，人称“山来水转”，是块风水宝地。

南欧村是客家人的聚居地。这里依山傍水，村民勤劳朴实，精耕劳作，丰衣足食。村民们传承着客家风俗，每年四季都要举行祭祀活动，祈求年年风调雨顺，国泰民安。1998年，南欧村土楼群就被列为县级文物保护单位；2016年12月，南欧村入选第四批中国传统村落。

图 12-34　磜头村土楼群

4. 磜头村土楼群①

磜头村土楼群位于梅林镇磜头村，距梅林镇西北9千米处。磜头村由上马、汕仔头、岭下、庵仔角、背头坪、下磜、刘厝7个角落组成，村中有土楼20多座，点缀在群山之中（见图12-34）。

（1）东华楼

东华楼建于清乾隆四年（1739年），为方形楼。楼外径28.8米，内径13米，一层墙厚1.1米，二层墙厚1米，三层墙厚0.9米；

① 磜头村土楼数据由磜头村村委提供。

楼高 11.3 米，每层 26 开间，3 层共 78 间；设有四个梯道、一个大门出入。该楼系苏氏家族所建。

（2）福兴楼

福兴楼建于清乾隆十四年（1749 年），为方形楼。楼外径 30 米，内径 10.1 米，一层墙厚 1.2 米，二层墙厚 1 米，三层墙厚 0.85 米；每层 22 开间，3 层共 66 间；设一个梯道、一个大门出入。该楼系苏氏家族所建。

（3）永盛楼

永盛楼又称半月楼，建于 1959 年，历时三年建成。相传该楼因建在沼泽地上，建了三次均倒塌，最后建成半圆楼。现楼中间部分柱子倾斜较厉害（见图 12–35）。楼外径 32.5 米，内径 25 米，一层墙厚 1.1 米，二层墙厚 1.05 米，三层墙厚 1 米；楼高 11.45 米，每层 21 开间，3 层共 63 间；设一个梯道、两个大门出入。

（4）福昌楼

福昌楼建于民国二十八年（1939 年），为圆形楼。楼外径 38.2 米，内径 21.6 米，一层墙厚 1.3 米；设 30 开间，3 层共 90 间；设两个梯道、一个大门出入（见图 12–36）。

图 12–35 永盛楼（简银蕉摄）

图 12–36 福昌楼

（5）明华楼

明华楼始建于民国十八年（1929 年），为圆形楼。楼直径 30.1 米，一层墙厚 1.4 米，二层墙厚 1.2 米，三层墙厚 0.9 米；楼高 10.9 米，每层 24 开间，3 层共 72 间；设有两个梯道、一个大门出入。楼前有一坐墩，雕刻有精致的鹿和鹭。该楼系苏氏家族所建。1998 年 11 月，该楼列为南靖县第四批文物保护单位。

（6）华兴楼

华兴楼始建于 1983 年，为圆形楼。楼外径 37 米，内径 21 米，一层墙厚 0.7 米，二层墙厚 0.65 米，三层墙厚 0.6 米；楼高 11 米，每层设 24 开间，3 层共 72 间；设两个梯道、一个大门出入。该楼系苏氏家族居住。

（7）东昌楼

东昌楼始建于 1970 年，1973 年建成，为圆形楼。楼外径 45.4 米，内径 25.6 米，一层墙厚 1.2 米，二层墙厚 1 米，三层墙厚 0.9 米；楼高 11.35 米，每层 36 开间，3 层共 108 间；设有两个梯道、一个大门出入（见图 12–37、图 12–38）。

图 12-37 东昌楼

图 12-38 东昌楼内景

（8）永安楼、振成楼

永安楼、振成楼为双胞胎楼，位于磜头村背头坪，两楼坐北向南，土楼南低北高向后抬升。永安楼建于清，振成楼建于 1956 年，东面挨着永安楼，与永安楼共墙，楼中大埕建有二层的子厝（见图 12-39）。

永安楼为方形楼，高三层，楼外径约 25 米，进深约 30 米，楼高 11 米，楼内设 24 开间，四角设四个梯道，正门门额书“永安楼”，东西各设一个小门。

振成楼为方形楼，高三层，楼径同永安楼，楼内设 16 开间，西面设二个梯道，正门门额书“振成楼”（见图 12-40）。

图 12-39 永安楼振成楼（双胞胎楼）航拍

图 12-40 永安楼内景

5. 田中村土楼群

田中村土楼群位于书洋镇田中村，主要为萧、刘、吕三姓聚落区，其中萧姓人较多，约 1200 人，溪水穿村而过。村中土楼群依山面水，整个土楼群由潭角楼、船楼、外楼、竹林楼、顺兴楼、光辉楼、大学楼等多栋土楼组成，形成田中赋土楼文化景区（见图 12-41）。

船楼，今被改造为香草博物馆，以展示各种天然香草植物的功能和制香流程；顺兴楼，被改造为福建“非遗”展示中心，在土楼内展示剪纸、软木画、影雕、木版年画等“非遗”作品；光辉楼，现被改造为民俗展示馆，通过展示一些生活用品和农耕用具来体现土楼人的生活状态；潭角楼，传建于明嘉靖三十七年（1558 年），共有 99 间房，前高 3 层、后高 4 层，是田中赋土楼群中最古老的也是最大的一座土楼，现改造为会所体验中心；竹林楼现改造为土楼展示交流中心。

龙潭楼位于书洋镇田中村吕厝，始建于清康熙癸卯年（1663 年），属方形土楼，占地面积为 676 平方米，建筑面积 1024 平方米（见图 12–42）。高 4 层共 16 米，每层 16 开间，共 64 间，设四部梯道，龙潭楼为吕姓居住，历史上吕姓迁居台湾并繁衍为旺族。2001 年该楼辟为南靖土楼博物馆馆址。今为省级文物保护单位。

图 12–41 田中村土楼群

图 12–42 龙潭楼

6. **葛竹土楼群**

葛竹土楼群位于南坑镇葛竹村，地处南靖与平和交界区，为赖姓家族聚落村庄。始建于明朝的“葛天隆峙”和“竹里辉华”两座土楼是葛竹的文化符号（见图 12–43、图 12–44）。两座土楼隔水相望，是村名的起源。全村分为宫前、中村、下楼、大楼、大岭头 5 个自然村，2000 多人。村中大楼角的赖氏祠堂位于土楼中心，建筑外围呈门洞式，又被称为交椅型土楼。2019 年，葛竹村被列入第五批中国传统村落名录。

图 12–43 葛天隆峙土楼

图 12–44 竹里辉华土楼

7. 上洋土楼群

图 12–45　上洋土楼群

上洋土楼群位于奎洋镇西部上岸村，历史上村中建有方、圆土楼36座，现存16座（见图12–45）。因20世纪90年代的南一水库建设，有一大半位于水位线以下的土楼被拆，居民被迁往高地建现代新民居。村中余姓建有土楼南山搂、瑞和寨、德兴寨等，庄氏土楼群中历史较悠久的有白楼即“圭峰楼”、细楼即“锦春楼”、寨内的“和平寨”以及和高楼、栋美楼、永昌楼等方、圆土楼。每个土楼都有充满历史的家族故事，代表了不同时期的家族聚落发展。2016年上洋村入选第四批中国传统村落。

（1）和高楼

和高楼始建于明代，为上洋庄氏开基祖来上洋后所建。和高楼为院落式方形土楼组合，前有院和前楼，左右两边有两层护楼，为后来建筑。大楼主体左右侧有明显的断裂墙体，疑似后来重修再建。此地老地名叫“上垅坪”，因地处村落西南角地势较高，现也称“上楼”。

（2）和平寨

和平寨始建于明代，是上洋较早的土楼之一（见图12–46）。和平寨为奎洋庄氏十一世良德公传下的祖宅，为妻室黄姓建造，清嘉庆年间遭火灾后重修。土楼设计精巧，内部圆形空地直径仅十余米，为圆形碉楼式建筑，高4层。

图 12–46　和平寨

图 12-47 和平寨大门

土楼周围有多层环绕式护厝，形成围院式建筑群，并设有院门（见图 12-47）。寨前有宽阔的石埕和用鹅卵石砌成的避邪照壁，以及一口月牙形大池塘，寨后也有鹅卵石铺就的弧形按摩大平台和护墙，这种前后两护墙的形式，在土楼建筑中十分少见。

（3）圭峰楼

上洋土楼群中最大的土楼是位于溪岸边的方形土楼圭峰楼（见图 12-48、图 12-49）。圭峰楼又称白楼，由奎洋庄氏十三世芳俊公建于清康熙年间，方形圭峰楼为 4 层、高 16 米，有 120 间房，墙厚 1.6 米，由生土、石灰、红糖混合夯成，第四层前厅设有悬空楼斗。楼主体外墙抹白灰，因此又称白楼。圭峰楼在周围楼中属大型土楼，其前有门楼，左右有两层护厝，门楼前还有宽敞的鹅卵石前埕，整体宏大气派。

图 12-48 圭峰楼航拍

图 12-49 圭峰楼正立面

8. **奎坑土楼群**

奎坑土楼群位于书洋镇奎坑村，奎坑是个山清水秀、古色古香的杂姓村落，分别有李姓、简姓、张姓、庄姓等姓氏聚居。顺着村口高山谷底的溪水两边，错落有致地分布着 20 多座方圆土楼（见图 12-50）。特别是前方后圆的隆兴楼，这种方圆组合型土楼在福建土楼中甚为少见（见图 12-51、图 12-52）。前方楼部分为两层，后半圆部分为三层，更为奇特的是楼中心还建有一座三层三开间厅堂式土楼。

图 12-50　奎坑土楼群　（冯木波摄）

据传，奎坑古时有十几个姓氏共建了同字形的“十姓楼巷”，如今村落里只剩有四五个姓氏居住，而“十姓楼巷”因为年久失修只剩残垣断壁，近年来才被彻底推倒变成菜园。

图 12-51　隆兴楼

图 12-52　隆兴楼内景

9. **罗坑土楼群**

罗坑土楼群位于奎洋镇罗坑村，罗坑是个古朴幽静的传统村落，村里的谢姓迁来之初也是大姓，建有宗祠，后来慢慢变成以庄姓为主。这里像是个世外桃源，几乎没有新式建筑，传统老房子保存完好，有近十座土楼，错落有致地分布在山腰地头（见图 12-53）。

图 12-53 罗坑土楼群

（1）集兴楼

集兴楼位于奎洋镇罗坑村，为南靖县级文物保护单位，边上还有多座或圆或方的土楼，从空中俯瞰，构成一幅美丽和谐的山村田园画卷（见图 12-54）。这里山清水秀，一条小溪绕村而过，四周万顷青山、千亩茶园环抱。

（2）崇德楼

崇德楼位于罗坑东坑自然村，建于清道光丙午年（1846 年），为院落式前后楼格局，前一层后两层，今为南靖县级文物保护单位（见图 12-55）。崇德楼左侧有两座圆形土楼，右侧有一座方形土楼，后山是一片原始森林，楼前有一条小溪流过，构成一个幽静安宁的土楼小村庄。

图 12-54 集兴楼

图 12-55 崇德楼大门

10. 霞峰土楼群

霞峰土楼群位于奎洋镇霞峰村（见图 12-56）。在村西尖山上旧有尖仔寨，山脚有圆仔寨，现寨已无存，只留地名。霞峰村往南连接船场，到南靖、漳州；往北方向经和溪，通向永福、漳平；往西经适中，通往龙岩、江西。霞峰村古时是漳州往龙岩适中、汀州的交通要道和货物集散地，其烟叶经济特别发达，以晋升楼为中心的庄氏烟叶生产基地在清代名盛一时，烟叶远销海内外。村落土楼、宫庙等古建筑留存丰富，现有著名爱国侨领庄西言故居、天庭宫、隆德楼、晋升楼等县级文物保护单位。2021年，霞峰村被列入省级传统村落名录。

图 12-56　霞峰土楼群

霞峰村与龙岩市适中仅十几公里的路程，在风俗习惯和建筑风格上与适中更接近。历史上霞峰楼寨建筑多建于山镇岭上，后多依溪流在山谷慢慢铺开，总体上以方楼为主，多为清中后期所建，主要的土楼有绍远楼、致远楼、绵远楼、振德楼、隆德楼、晋升楼、锦洋楼等。

（1）隆德楼

隆德楼为奎洋庄氏十五世汝育公建于清乾隆十年（1745年），土楼主体坐东北朝西南，背靠天庭宫主山，与对山绍远楼遥相呼应，中间有一条溪涧流过（见图12-57、图12-58）。土楼占地面积841平方米，建筑面积774平方米，土楼4层高14.2米，其中一层高3.1米，二层高2.8米，三层和四层高2.6米。一层为厨房，二至四层为居住房，总计80间房。后来，两旁建辅厝两排26间房。

图 12-57　隆德楼俯瞰

土楼门前屋后全部铺设鹅卵石埕，埕前有两米高鹅卵石筑围墙，院门开在右侧方，门前有一石旗杆座（见图12-59）。院内及院外各一口大水井，屋顶四角采取升抬式设计，顶楼正前方伸出一个长5.2米、宽1.5米的瞭望台，大门内上端装设三个灌水洞，以防匪寇用火攻击，具有较强的防御性。楼前还开辟一条100多米的活水沟，供洗衣、洗菜等日常生活之用，是一个功能齐全、生活方便的土楼建筑。

图 12-58　隆德楼

图 12-59　隆德楼门前石旗杆座

图 12-60 晋升楼

（2）晋升楼

晋升楼位于霞峰村烟行，始建于清道光二十九年（1849年），坐西南向东北，枕南山面霞峰溪，依地势逐级建于山坡，总占地面积3321.7平方米，建筑面积2102.25平方米，楼群呈半梅花型布局，主楼前后左右共建69间房屋，建筑风格类似茶盘式土楼，在奎洋地区比较少见（见图12-60）。

晋升楼为土木砖结构，一层为砖木，二层为夯土垒筑，古建筑房屋共69间，主楼二层10间，内护厝（平房）4间，外厅及两侧4间，正面内护厝6间，外护厝围绕主楼呈半椭圆形而建，一共有平房29间，烟叶生产用房16间，楼厝间散落众多烟叶作坊工具，可见当时烟叶生产规模较大。晋升楼的建筑设计集烟丝生产、香烟销售、人员居住为一体，并采用闭合式半圆形民居为护厝，具有较强的防匪盗功能。由于晋升楼为生产烟叶的作坊，因此这个角落又被称为烟行。

（3）绍远楼

绍远楼为庄氏十三世信直公从松峰迁来霞峰时所建，为夯土四方形建筑，楼高四层，顶楼前厅有瞭望台，正前方两旁有两层护厝楼，前有门楼一层，似四合院，与对山的隆德楼遥相呼应（见图12-61）。绍远楼两侧依山形依次建有绵远楼、致远楼等土楼，为十六世的两兄弟先后建起，其建筑格局与绍远楼相似，但楼为三层，矮于绍远楼。庄氏三座楼环绕山脚连成一片，环中心是庄氏信直派宗祠“绍远堂”。

图 12-61 绍远楼

11. 双峰土楼群

双峰土楼群位于书洋镇双峰村。双峰村地处西溪上游的狭长山坳里，主要为邱姓、陈姓聚居村落，整个村落绵延两三千米，分布着形态各异的土楼29座，其中圆楼10座、方楼12座、交椅楼6座（分为前2层后3层和前1层后2层两种结构），椭圆形1座（见图12-62）。众多土楼历史悠久，造型独特，其中400年以上的土楼3座，代表性建筑有登峰楼等。

图 12-62　双峰土楼群（陈成才摄）

登峰楼为圆形土楼，建于明代，土楼用块石砌墙基，生土夯墙，木料隔间。楼高3层共13米，每层18个开间，共54间。楼外径33米，内径15米。大门用青冈石和块石建成拱形，高2.95米，宽1.5米，大门上方有3个灌水道，一个射击口，具有较强的防御性。楼内设两个公共楼梯，有通廊式过道。楼基及内外环形地面通道、楼埕都用鹅卵石铺砌而成。厅堂右前方有一口水井，井口呈正六边形，用6块青冈板石所筑。

12. 双溪土楼群

双溪土楼群位于梅林双溪村，处于上洋和梅林村之间的西溪上游沿岸。梅林双溪，原名霜坑，后改称双坑，1949年后改为双溪，村落为詹、魏、简、李等姓住居，祖先都是由邻近的永定迁来，如詹姓祖先詹千三郎于明正统年间从永定迁来。村里最古老的土楼传为明代景泰年间十八姓共建的庆福楼，设18个楼梯，曾住三百多人，可惜老土楼在20世纪90年代毁于一场大火，只剩残垣，近年来被推倒作为菜园。其次是致和楼。另外村里还有五六栋1949年后建的土楼。

图 12-63　梅林双溪村致和楼

致和楼位于双溪村口从永定下奎洋的必经之路上。建于明末清初，又名水尾楼，为圆形通廊式土楼，三层共124间。20世纪八九十年代曾住有三百多人。楼现已倒塌一半，剩外围夯土墙（见图12-63）。

13. 和溪土楼群

和溪镇地处南靖县北部，九龙江支流龙山溪的上游，与华安、漳平、龙岩及南靖奎洋镇、金山镇接壤，处于多县交界区域，文化荟萃，生态环境优越，人文资源丰富，境内分布几十座土楼，比较有名的有益美楼、瑞兴楼、龙德楼、枕山楼、镇平楼等。

（1）益美楼

益美楼位于和溪镇林中村林溪社，始建于清乾隆年间，为通廊式三层方形土楼，坐西向东，高10米，占地面积3688平方米，总建筑面积为4060平方米（见图12-64、图12-65）。

益美楼原为村中的烟行旧址，建筑为同字结构，主楼左右和后方皆有护厝包拢。围墙内外皆有大埕且为红砖铺砌。楼内天井左右皆有一口老井，今两井已废弃，围墙外侧左右各有一座旗杆。

图12-64 林中村益美楼航拍

图12-65 林中村益美楼

（2）瑞兴楼

瑞兴楼位于和溪镇林坂村前坂洋，由林坂先民林文荣、文彭兄弟于清康熙年间共同建造（见图12-66）。主楼高3层，每层设4房1厅，共15间。墙基石砌，厚1米，上为土墙，厚0.5~0.8米。梯道从底层后墙内依“之”字形直达上层。底层中厅为后堂，上层中厅向前开一个与底层同样大小的大门，门外架一座靠墙木结构悬空瞭望台。

图12-66 瑞兴楼

瑞兴楼院门门额书“瑞兴棣萼”四字（见图12-67），楼内楹联“瑞盈楼，福盈楼，盈楼福禄盈楼瑞；兴一代，隆一代，一代隆昌一代兴”。楼中私塾“临川斋”联“临下水澄清，水映长天，天映水；川前山秀顾，山依古石，石依山”。

图12-67　瑞兴楼院门

（3）龙德楼

龙德楼位于和溪林坂村村中央，该楼建于清康熙元年（1662年），历时20余年建成，为村中最为高大的建筑，楼坐东朝西，为四层方形内通廊式土楼，墙基及外墙全部用三合土夯筑（见图12-68、图12-69）。楼外墙长33米，宽30米，占地2000多平方米；楼高4层18米，共有84间；底层墙厚1.36米，二层墙厚1.2米，三层墙厚1.1米，四层墙厚0.9米。正门上方设悬空瞭望台，边角楼斗拐弯辐射两边。全楼仅设一部楼梯，设置在大门厅，与大门厅相对的后正厅第四层中堂为祖堂。中埕有水井一口，深十余米，称为“龙泉水”。现龙德楼为南靖县文物保护单位。

图12-68　龙德楼外景

图12-69　龙德楼内景

（4）镇平楼

镇平楼位于和溪镇乐土村，建于清嘉庆15年（1810年），为和溪镇唯一的一座通廊式圆土楼，楼直径25.8米，楼高三层，15.8米，占地面积约1314平方米（见图12-70）。大门面溪，门匾刻“镇平楼”，一层墙厚1.25米，一二层开射击口，三层开小窗，总体具

图12-70　镇平楼航拍

有较强的防御性（见图 12-71、图 12-72）。

图 12-71 镇平楼外观

图 12-72 镇平楼外墙窗户

14. 船场土楼

（1）丰宁楼

丰宁楼位于船场镇梧宅星光村（石楼村）腰坪尾顶的小山上，建于明万历年间，楼高三层，约 9 米，下两层全部用条石砌筑，墙厚 1 米多，三层为夯土，长宽约十几米，为方形石楼，又称石楼仔。一楼四面墙各设有多个枪眼，防御性较强，在解放战争时期，为解放军驻扎地。1949 年后曾做为粮仓、村部使用。该楼于 1990 年后倒塌被拆，仅剩墙基和门（见图 12-73），门匾刻“丰宁楼”有万历纪年（见图 12-74），是南靖有纪年的较古老而独具特色的石土楼。

图 12-73 丰宁楼大门

图 12-74 丰宁楼楼匾

（2）烘炉楼

图 12–75　船场烘炉楼航拍

烘炉楼位于船场镇世禄村下余自然村（见图12–75），世禄村原来有两座土楼，即月眉楼、烘炉楼，月眉楼已毁。烘炉楼，又称下余楼，为三层单元、通廊混合式土楼，每单元有独立的楼梯，二楼单元内有通廊，有门可以形成封闭区，与西溪上游的梅林、奎洋土楼内部构造迥异。

（3）大坪楼

大坪楼，位于船场镇甘芳村，为双环圆形土楼，因建在高山顶峰开阔平地处，故名“大坪楼”（见图 12–76、图 12–77）。20 世纪 50 年代，由吴氏族人集资兴建，历时 4 年建成。大坪楼造型独特，内有三层通廊式主楼一座，外有双层半月形副楼环绕，有如双月拱星。土楼与远处的青山和高架桥相互映衬，蔚为壮观。

图 12–76　甘芳村大坪楼航拍

图 12–77　大坪楼

15. 南坑土楼

南坑镇辖南坑、村中、南高、南塘、村雅、新罗、大岭、北坑、高港、葛竹、金竹等 11 个村民委员会、南丰 1 个社区居民委员会，而金竹、葛竹、大岭、北坑四村是 1954 年由平和县划归南靖县的。南坑是南靖县土楼分布最多的乡镇，其中有福建最小圆土楼翠林楼，有高港老厝楼、葛竹中村楼、北坑南坑楼、金竹续兴楼等特色土楼。

（1）翠林楼。

翠林楼位于南坑镇新罗村长林自然村，为通廊式圆土楼，现存建筑为清代中期重建。楼坐西北朝东南，占地面积约176平方米，建筑面积133平方米。建筑布局为中间椭圆形土楼一座，左、后侧各一列护厝，天井及外埕均由鹅卵石铺就。楼内径仅5.2米，高不足8米，共3层，每层12开间，共36间，设1个大门及1处梯道，圆土楼底墙厚1米。翠林楼今为市级文物保护单位（见图12–78、图12–79）。

图12–78 新罗村翠林楼俯瞰

图12–79 新罗村长林社翠林楼内景

图12–80 春山保障楼楼匾

图12–81 春山保障楼航拍

（2）春山保障楼。

春山保障楼位于南坑镇村雅村海仓自然村，现存建筑为清代风格。楼坐西朝东，平面呈正方形（见图12–80、图12–81）。高14.8米共四层，每层设22开间，全楼共88间房，其中东面多已坍塌。大门顶处设防火灌水道，门额镌“春山保障”四字，四角设四个梯道，一层为单元式，二层至三层为分割式走廊，四层为通廊式，楼内天井地面由平整大石块铺就，中设一水井。楼外墙面由条石砌至地面近3米高，上端用青砖包砌至顶，墙内夯土，外墙四角设4个瞭望台。

春山保障楼独处大山深处，外观雄伟，这里四面环山，风景秀丽。该楼今为市级文物保护单位。

（3）续兴楼

续兴楼位于南坑镇金竹村顶寨社。建于明代，楼高两层，共 28 间房，每间房进深 3.7 米，向天井一面墙宽 1.9 米，后墙宽 3.4 米，成扇形。一层高 2.8 米，底墙厚 1 米。大门厅狭小，向天井一面仅宽 2.3 米。楼内无水井、无宗祠。二层走廊仅 0.66 米宽，披檐 2 米余。一层至二层房间对外全无开窗，仅在大门厅上方楼梯转角处开一尺见方小窗。乱石铺地，外墙凹凸不平，有历史沧桑感。

（4）石头贯土楼

图 12-82　石头贯土楼

石头贯土楼位于南坑镇村雅村（见图 12-82），为两进半环通廊式土楼建筑，形似月牙形。该楼前环为平房 25 间，后环为两层楼 75 间，共 100 个房间。每个房间正中间为大厅，大厅和两端的房间设有公共梯道。大厅两边各以两间为一个居住单元。每个单元前开一门一窗，前进屋作为客厅，后进屋作为卧室，中间天井，一边为过道，一边作为灶间，每户人家的卧室各开有小梯口，二楼的通廊与公共梯道相贯通。1998 年 11 月，石头贯土楼入选南靖县第四批文物保护单位。

16. 阁老楼

阁老楼位于丰田镇丰田村古楼社，为单元式近方形土楼，由明东阁大学士林釬建于明崇祯年间，清康熙年间重修。土楼坐北向南，平面呈弧角方形，二楼设窗户（见图 12-83）。墙基由鹅卵石混土砌成，墙体为夯土和砖混砌，厚 1.45 米。全楼共 56 开间，占地面积 4814.24 平方米，建筑面积 2767.91 平方米。据说阁老楼楼原来是三层，后来因为部分毁坏，改为两层。

土楼设两门，正门门额“淡宁余休”，边款“丁亥冬抄为彤翁世会兄”，落款“鸿江吴锺书”；吴钟，吴维圻子，镇海卫人，字惺庵，清康熙甲戌科进士，任内邱知县。大门门联：“前人何修祗此淡泊宁静中正和平八字，今日所务实惟勤俭恭恕睦敦孝友二言”。侧门门匾为篆书“乘颖”两字，边款“康熙丙戌（康熙四十五年，1706 年），落款：素园主人书。“乘颖”为五谷丰登大顺之意（见图 12-84）。

楼内中间是“尚宝卿林公家祠”，祠堂正堂面阔三间、进深三间，为抬梁式构架，祠堂左右有两列平房。今楼内还有林氏族人居住。1932年红军进漳时，曾作为临时指挥部。

图 12-83 阁老楼航拍

图 12-84 阁老楼大门

17. 沣宁楼

沣宁楼位于龙山镇宝斗村，为当地陈姓祖先于明崇祯戊寅年（1638年）建，楼建于永丰溪边一山丘上，为两层方形石土楼，靠路边墙角为弧形，长约40米，宽约30米，面积约1200平方米，现残存高约8米，楼建于一小山上，楼基和一层为石筑，石墙高五六米，厚约1.5米，二层为夯土，一层每个房间均设射击孔，二层开小窗（见图12-85、图12-86）。

图 12-85 沣宁楼航拍

该楼共设四门，正门坐西南朝东北（见图12-87）。沣宁楼背靠永丰溪，下有宝斗码头，土楼里面的货物由西南边门装卸上船。

图 12-86 沣宁楼东侧门

图 12-87 沣宁楼门匾

18. 石书屏封楼

石书屏封楼位于龙山镇圩埔村，为当地黄姓祖先于明天启七年（1627年）建，三代人几十年的时间建成。楼为二层单元式圆土楼，外围一圈加盖环状辅楼（见图12-88）。正门坐西北朝东南，门匾刻“石书屏封”上款“丁卯岁仲冬立”下款“王汝书”下还刻1个印章，大门墙厚约2.5米（见图12-89）。墙体外部为50厘米厚的块石（见图12-90），内部为1.5米厚的夯土，墙总厚约2米，二层墙厚约1.5米，楼高约7米，内设38个单元，占地约1000平方米，现楼内无人居住。

图12-88　石书屏封楼

图12-89　石书屏封门匾

图12-90　石书屏封楼外墙横切面

（三）南靖砖土楼

1. 崇兴楼

崇兴楼俗称“八卦楼”，位于龙山镇坪埔村，建于清嘉庆十九年（1814年），平面呈八角形，双层砖木结构（见图12-91）。河卵石砌墙基，高0.8米，上用两层条板石，再往上用砖砌顶，用五层砖叠涩出檐。层脊饰花卉鸟兽瓷雕，门框及匾额石质细腻，石匾镌楷书“崇兴楼”。门两旁窗口有

图12-91　崇兴楼

瞭望口、枪眼等防御设施。楼内每面3间，两层计48间房屋，天井铺砌规整条石，有1口水井。崇兴楼现为南靖县文物保护单位。

2. 后眷楼

后眷楼，位于南靖县金山镇后眷村，这里位处龙山溪上游的金山小盆地。后眷楼建于清乾隆五十二年（1787年），建筑平面呈长方形，正面宽68米，进深34米，高10米，建筑面积达3000多平方米（见图12–92）。墙体内外由青砖构筑，大门门匾镌刻“岐峰拱秀”四字，边款“乾隆丁未年”（见图12–93、图12–94）。

图 12–92 后眷村后眷楼航拍

图 12–93 后眷楼正立面

后眷楼规模庞大，建筑分三个区域，中间是公共区域，左右两区围合出相对独立的四合院，左右两个区再分为两个小院，形成四个独立住宅院落与一个中心厅堂院落的格局，二楼采用通廊式，楼房之间可以相互贯通（见图12–95）。全楼共有大、小门9个、厅堂18间、房间108间，楼内有天井。该楼今为县级文物保护单位。

图 12–94 后眷楼大门“岐峰拱秀”楼匾

图 12–95 后眷楼内通廊门

3. 汤坑砖仔楼

汤坑砖仔楼，又称西畴献瑞楼，位于南靖县山城镇汤坑村（见图12–96）。始建于明代，为村中阮氏族人所建。砖仔楼坐东南朝西北，平面呈双环圆形，楼径达60米，外环设45个单元，内环设20个单元。楼墙由青砖墙体与花岗岩墙基构筑，红瓦屋顶，十分壮观。大楼外环大门立面为青红砖混砌，并设二侧门，内环楼大门石匾镌刻有“西畴献瑞”四字（见图12-97），内环外墙条石垒砌一层楼高，四围留有枪眼，防御功能较强。

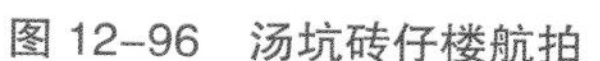

图12-96　汤坑砖仔楼航拍

图12-97　汤坑砖仔楼内环大门

汤坑砖仔楼的一个特殊之处在于楼内正对大门的并不是常见的祠堂建筑，而是一座二层拱券柱结构形式的红砖“番仔楼”（见图12-98、图12-99）。

砖仔楼所在汤坑村位于花山溪河畔，是一处水陆交汇的富庶之地，旧时这里的船运发达，从平和往南靖、漳州的商船都要经过这里。砖仔楼中的“番仔楼”等南洋元素，彰显西风东渐对这里的影响。现该楼为县级文物保护单位。

图12-98　汤坑砖仔楼内景

图12-99　砖仔楼内环通路

二、南靖寨堡

1. 兵防寨

兵防寨位于山城镇紫荆山山腰，始建于宋代，毁于何时不详，现在的建筑为原址重建。兵防寨占地面积920平方米，城门楼高7.7米，墙高4.4米，墙宽2.85米。城门上石匾额刻“兵防寨”大厅两旁立有两尊明代石雕像“翁仲”，边设“文武将军庙”供奉（见图 12–100）。

紫荆山，古称紫云山，俗称水尖山，相传宋代有方士结庐山间炼丹修道，因有紫色云雾缭绕岩谷而得名，为南靖古八景之一。兵防寨海拔 640 米，为山城南方屏障。

2. 都美寨

都美寨位于金山镇都美村，现存大门门楼及寨内关帝庙，寨匾刻“都美寨”，边款刻纪年“万历丁巳年”，万历丁巳年为 1617 年（见图 12–101），说明都美寨距今已有 400 多年历史了。

图 12–100 兵防寨

图 12–101 都美寨大门

3. 元湖寨

元湖寨位于山城镇元湖村西 1 公里小山丘上，为圆形古寨。寨墙河卵石砌成，周长约 250 米。寨墙设有炮眼，寨中建有单层厢房，明代有兵驻守。今寨墙已塌毁，仅存墙基，寨门门框尚存，门顶两侧有石构单人掩体。寨中有韩氏宗祠。

4. 涌口关[①]

涌口关位于龙山镇涌进村和西山村交界地山岭上，是古代平和、南靖驿道必经之路。始建于元末，明代曾在此地设塘汛和铺，派兵驻守，清初扩建为关隘。郑成功部将陈豹曾在此阻击清军，双方死亡惨重，尸体收埋在旁边的大众爷庙。1920 年，漳靖公路建成后，行人渐少，关堡塌毁。1955 年开山造路，关墙及石阶路拆除，现仅存部分关墙及亭柱。

① 陈名实：《闽台古城堡》，厦门大学出版社 2015 版，第 305 页。

第十三章　平和县土楼与寨堡

平和地处漳州西南部山区，与福建、广东两省八县相连，素有“八县通衢”之称。平和北与南靖接壤，西与龙岩永定、广东大埔客家县相交界，南与诏安、云霄犬牙交错，东与龙海、漳浦毗连，县域面积2309.57平方千米。现平和县辖有10镇5乡，分别为小溪镇、山格镇、文峰镇、南胜镇、坂仔镇、安厚镇、大溪镇、霞寨镇、九峰镇、芦溪镇、五寨乡、国强乡、崎岭乡、长乐乡、秀峰乡。根据第七次人口普查数据，截至2020年11月1日零时，平和县常住人口为455042人。[①]

县志载：“平和之有县也，自王阳明督抚始也。”[②]明正德二年（1507年），汀漳寇盗窃发，至明正德八年（1513年）乱益甚，时南靖芦溪、象湖以及广东饶平之大伞、箭灌等处山寇连结，恃险猖獗，闽粤赣边界的寇乱已成大患。直至正德十一年（1516年）王阳明巡抚赣汀漳，才在第二年平息寇乱，随后在正德十三年（1518年），析南靖、漳浦县地置平和县，治所在河头大洋陂（今属平和县九峰镇），因其乡原属平和社而取其为县名；1949年县治迁至小溪。[③]

平和历史上遭受山寇、海寇侵袭较多，明正德年间以来，寇乱生发，虽建置初设，但仍受汀漳、饶平山寇频扰，明嘉靖中期又受海寇来袭。社会动荡时有草寇乘风窃发，人们往往逃匿山中，山里也成为鱼龙混杂的祸患之地，于是有力者倡率乡人依险筑堡，不能建堡者则携老幼入县城躲避。

据1994年县志载：平和县现存476座土楼，全县15个乡镇均有分布，其中坂仔镇以72座为最多，其他乡镇依次是，南胜镇52座、芦溪镇45座、九峰镇44座、大溪镇37座、山格镇35座、崎岭乡31座、霞寨镇30座、安厚镇29座、五寨乡29座、国强乡26座、小溪镇18座、长乐乡和秀峰乡共18座、文峰镇10座。然而，近二十年来，由于人们多数搬出土楼，绝大多数的土楼处于闲置荒废状态，土楼自然毁损、倒塌，甚至人为推倒的现象屡见不鲜，土楼正在以惊人的速度减少，急切需要采取措施，对有历史价值、文物价值或艺术价值的土楼加以保护和利用。

---

① 漳州第七次全国人口普查公报（第二号）http://www.zhangzhou.gov.cn/cms/siteresource/article.shtml。

② 清光绪《平和县志》卷首《序》，厦门大学出版社2008年版，第5页。

③ 平和概况 http://www.pinghe.gov.cn/cms/html/phxrmzf/zjph/index.html。

在平和土楼中，有众多的土楼之最和典范之作值得称道。其中有三座土楼在各类土楼中堪称典范之作。一是位于九峰镇黄田村的龙见楼，是单元式园楼的典型，独有“回声定响”的神奇土楼；二是位于霞寨镇西安村的西爽楼，是单元式方楼的典型，堪称福建省最大方土楼；三是位于大溪镇庄上村的庄上城，是单元式与通廊式相结合的混合式不规则土楼的典型，是福建土楼中规模最大的土楼。另有位于芦溪镇芦峰村的丰作厥宁楼，是福建土楼最早在国外展示风采的土楼之一，在100年前就有欧洲的摄影家将它的古老风韵拍照制作成明信片。

据清康熙《平和县志》记载的土堡就有近两百座，这些土堡土楼多数建于明代，而平和现存土楼多建于清代。有确切纪年的土楼中，最早的是小溪镇新桥村的延安楼，建于明万历癸未十一年（1583年），距今已有430年。

平和各乡镇都有大量土楼，有些仍有人居住，但大部分都废弃无人居住，其中不乏精品。平和土楼多为单元式，有规模宏大如城堡，如庄上城；有精雕细琢之精品，如绳武楼；有奇特造型，如茶盘楼；也有群落分布如北斗七星，如坂仔七星土楼群。平和土楼主要以圆楼为主，还有带楼包圆楼、半月楼等不少变异形式的土楼。尤以单元式圆楼最多，有200多座，被誉为“单元式圆楼之乡”。

一、平和土楼

1. 绳武楼

绳武楼位于芦溪镇蕉路村溪坪寨自然村，由蕉路叶氏十八世叶处侯设计建造，该楼于清道光十一年（1831年）始建，历经叶处侯其子叶贡珠、叶步云、叶清良三兄弟续建，至光绪元年（1875年）告竣，前后长达40多年。绳武楼造型美观，建筑雕刻技艺高超，品位不凡，有着“美女土楼”之称（见图13-1、图13-2）。

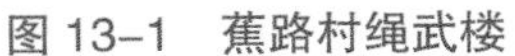

图13-1 蕉路村绳武楼

图13-2 绳武楼内景

绳武楼平面呈圆形，楼门坐南向北偏西，楼径43.8米，建筑面积1266平方米。楼分内外双环，外环三层，高11.3米，内环一层，高5米。楼中设大天井，直径17.5米。楼为单元式与通廊式相结合的空间布局，第一层、第二层为单元式，第三层为通廊式，全楼共分14个单元。正中两单元即祖堂与大门通道为公共设施，其他12个单元为各户住宅，每单元均有两开间，共计 24 开间。各单元内外环之间设一个小天井，两侧有廊房相连。

绳武楼为芦溪叶氏族人聚族而建，楼主叶处候为道光年间的太学生，之后衣锦还乡。叶处候回乡后倡修绳武楼，高薪聘请永定及周边名匠，将自己所见的奇花异草以及《镜花缘》上的百种花草都雕刻在绳武楼的门窗、家具和护栏上。

绳武楼内石雕、木雕、泥塑、壁画等精雕细琢，美轮美奂。仅木雕就有 600 多处，而无一雷同，散见于屏风、壁橱、门窗、扶梯上，既有人物花草、文字对联，又有飞禽走兽、诗画结合，动静相宜，其构思之精巧，刻工之精细，图案之精美，为福建土楼建筑中所罕见，有土楼里的“木雕博物馆”之美誉（见图 13-3）。该楼今为全国重点文物保护单位。

图 13-3　绳武楼内精美的木雕

2. 庄上土楼

庄上土楼又称庄上城，位于平和县大溪镇庄上村，始建于清顺治十一年（1654 年），至康熙十六年（1677 年）竣工，历时 24 年。整个建筑依山就势将两处小山丘围于其中（见图 13-4）。土楼平面显马蹄形，正面朝东，长度约 220 米，西面宽度约 190 米，周长约 700 多米，占地面积 34650 平方米，建筑面积达 9000 多平方米，号称“土楼里的航空母舰”。

庄上土楼全楼设 6 个门，建筑形式为单元式与通廊式相结合。土楼分内外两环，均为穿斗式木构梁架式，外环三层，墙高约 9 米，墙上设有枪孔，有 4 口水井，东门外置风水池（见图 13-5），楼内共设 142 个单元。

图 13-4　庄上土楼航拍

图 13-5　庄上土楼及楼前风水池

土楼内寺庙、宗祠等建筑尽备，一般土楼内只设一座宗祠，而庄上土楼内却有“永思”“笃庆”“敦睦”“崇本”四座叶氏宗祠，足见楼内族人的儒雅气息与宗族凝聚力。楼内大埕还有练武馆和练兵场等设施，是一座集防卫、防火和生活等功能为一体的城堡式建筑。高峰时楼内居住着 180 多户叶姓人家，计 1300 多人。庄上村是平和土楼分布密集地区，庄上土楼周边还分布着岳钟楼、恒升楼、旧寨、漕洄楼等土楼。庄上土楼现为全国重点文物保护单位。

图 13-6 岳钟楼

3. 岳钟楼

岳钟楼位于大溪镇庄上大楼南门外，坐北朝南，此楼没有北墙，直接依靠在庄上大楼的南墙外，成为小楼依大楼的独特景观（见图 13-6），楼内东南两侧建两层民居共 14 开间，木构梁架，两山墙承重，均为独立单元，各有楼梯上下，自成体系，楼内通道水沟均以青石板铺面，楼正中建庙宇一座。

4. 黄田土楼群

黄田土楼群位于九峰镇黄田村，黄田原名皇田，村落风景秀丽，山环水绕。土楼群依地形地貌顺势而建，建筑以明、清风格为主。村内保留了咏春楼、联辉楼、老碧楼聚顺堂、龙见楼、拱峰楼、南阳楼、衍庆楼等所组成的土楼群，建造年代从清康熙至清后期（见图 13-7）。黄田土楼建筑体型宏大，形式多样，构造精巧，展现出艺术性与实用性的统一。2018 年黄田土楼群入选第九批省级文物保护单位。

图 13-7 黄田土楼群航拍

（1）龙见楼

龙见楼位于黄田村，始建于清康熙二十年（1681 年），为官任寿宁县教谕的黄田村人曾逢时告老还乡后兴建（见图 13-8）。龙见楼直径 82.4 米，外墙厚 1.7 米，占地面积达 6000 多平方米，为大型的单元式圆土楼。

图 13-8 龙见楼航拍

龙见楼大门朝南，内设 54 个开间。每个开间都有独立的门户和庭院，前厅门窗用直棂窗或透雕吉祥图案，雕工精致大方。外墙墙基为石头砌成，第一层、第二层只开内窗（前窗），第三层开前后窗。

龙见楼只设中轴一通大门，门洞拱形，为花岗石砌筑，楼匾镌“龙见楼”三字。门洞内右侧设龙福祠土地公神龛。中央大埕直径 34 米，面积约 907 平方米，作晒谷场及公共活动场所用（见图 13–9）。埕心西边有一口井盖为八角形的公用水井，盖上有三眼取水圆孔，三孔的比例正好貌似人脸形状，楼内的下水道宽大，危急时刻可作为逃生暗道。

图 13–9　龙见楼中央大埕

龙见楼各单元的二层、三层内环的走廊狭窄（宽约 1.2 米），推窗可用于衣物的晾晒。外墙只在三楼才有开窗，但客厅、餐厅、卧室的光线都很好，安静、无杂音互不影响。土楼内部暗合天然的地理格局，站在楼中心位置喊话能听到明显的回声，是一座奇特的“回声楼”。

（2）咏春楼

咏春楼位于黄田村，建于清乾隆三十五年（1776 年），为乾隆时曾任肇庆知府的曾萼所建。咏春楼坐南朝北，为三层方型土楼，外墙为夯土墙，内部用灰砖作隔墙（见图 13–10）。楼宽 75.54 米、进深 77.8 米，占地面积 5000 平方米。该楼背后的两个方角处修为圆式，形成前方后圆，当地人又称为“半月楼”。咏春楼前有一口半月形的池塘，与主楼相映成趣，宛似一轮满月，取“花好月圆”之意。

图 13–10　咏春楼航拍

咏春楼只有一个大门出入（见图 13–11、图 13–12），内设 36 个单元，每单元均为三层高 12.20 米，第一层、第二层为独立居所，内有花岗岩石板天井，第三层为各单元的共用通行廊道，各单元只在第三层楼房才开有小窗。

咏春楼楼主曾萼早年考中进士，后担任肇庆知府，他清正廉明，政绩卓著。该楼为其晚年辞官后所建。牌匾由时任福建按察使谭尚忠题写，谭尚忠是清代文学家，官至吏部左侍郎，入仕前和曾萼是同窗。祖堂设在中轴线西端，正对大门。堂前由前厅、侧廊围绕小天井组成独立的院落。楼门正前为大埕，外围仍存有一道护墙，正门外11米处立一面照壁，宽9.6米、高2.5米。整座土楼布局严谨，迂回曲折，别有情趣。

图 13-11 咏春楼大门

图 13-12 咏春楼牌匾

（3）联辉楼

联辉楼位于黄田村溪坝，为两层单元式土木结构方形楼，为单元式、通廊式相结合土楼。坐西朝东，面阔26.96米，进深34.96米，由大埕、方楼及楼背等组成，占地面积约有1800平方米，楼心北边有古圆形水井一口仍可使用（见图13-13）。

图 13-13 联辉楼内景

（4）衍庆楼

衍庆楼位于黄田村下楼37号，为单元式圆形土楼，朝向坐南朝北。主楼内径约18米，建筑面积约254平方米，内埕直径约10米。全楼由主楼、右侧护厝及左侧书房等组成，建筑分内外两环。楼设一大门，楼匾题“衍庆楼”。楼内每个单元为一个独立的居住空间，纵深约9米，均朝楼心开门，衍庆楼小巧玲珑，属于土楼建筑中的袖珍土楼。

（5）老碧楼

图 13–14　黄田村老碧楼

老碧楼位于黄田村碧溪东南岸，坐西南向东北，为两层单元式方形土楼（见图 13–14）。是黄田曾氏闻谟房第十一世孙棉纱挑货郎曾琼生建造，边长约 25 米，面积约 600 平方米，全楼用青砖砌筑，现可见外墙呈土黄色为近年涂刷所致。全楼只设一个用青砖砌筑的拱形门洞出入，楼内设 8 个单元，每个单元门头嵌有居所名号，如："仁德居""竞成居""积诚雅居""朝旭居"等。

（6）南阳楼

南阳楼位于黄田村溪坝，坐北向南，呈正方形，面阔 45 米，进深 45 米，建筑面积为 2025 平方米，楼外墙收为弧形，全楼只有一个大门，为长方形石门洞，进门右边设福德正神庆福祠（见图 13–15、图 13–16）。楼内埕用卵石铺就，楼心为祠堂，楼埕西侧有一水井。

图 13–15　黄田村南阳楼

图 13–16　南阳楼楼匾

5. **科山土楼群**

科山是芦溪镇东槐村辖下的一个自然村，其东面隔着一道柯山岭与南靖县的葛竹村接壤。站在柯山岭眺望，四座或圆或方的土楼"一"字排开，呈南北走向坐落于曲折迂回的溪流西岸，使得这个偏远静谧的小山村多了几道亘古沧桑的岁月履痕。比肩矗立的四座土楼，先后建于清嘉庆至光绪间，今四座土楼基本保存完整。

（1）毓秀楼

毓秀楼，建于嘉庆戊午年（1798 年），为科山土楼群中最早建成的一座土楼。楼呈双环方形，坐西南朝东北，高两层，占地面积达 1000 多平方米。大门门楣上方嵌有“毓秀楼”石匾。楼内共设 10 个单元，计 22 开间（见图 13–17）。

图 13–17 科山毓秀楼

（2）溪春楼

溪春楼在毓秀楼南侧，相传建于道光二十九年（1849 年），由科山郑氏十三世五房公郑嘯所建，是科山土楼群中唯一的一座圆形双环土楼，土楼楼径约 30 米，高三层，内部结构为单元与通廊式结合，其中一楼、二楼为单元式，三楼为通廊式（见图 13–18）。

图 13–18 科山溪春楼

（3）聚德楼

聚德楼位于溪春楼南面，两楼之间隔着一道三四米宽的巷道，方位上处于科山四座土楼中的最南端（见图 13–19）。聚德楼与毓秀楼有着诸多相似之处，也可以说是毓秀楼的复制品，同样为方形双环楼，楼高两层，楼内 10 个单元共计 22 开间，正对大门的单元三开间为二进式祖厅。

图 13-19　科山聚德楼

（4）阳春楼

阳春楼位于村落最高、最东处，楼名寓义旭日东升、紫气东来（见图 13-20）。阳春楼建成于清光绪壬辰年（1892 年），是科山土楼中建成最晚的土楼，其形状显得较为奇特，外观呈椭圆形状，内形如龟背的八卦状。

图 13-20　科山阳春楼

6. 坂仔七星土楼群

坂仔土楼群以其精巧的布局成为漳州土楼家族里的新亮点，包括十多座土楼建筑。

坂仔地处平和县东南腹地的十八齿山下花山溪上游，东风村铜溪之畔的环溪楼是坂仔土楼中最为壮观、最具代表性的土楼。在环溪楼周边分布有宾阳楼、庆阳楼、熏南楼、五美楼、虎耳楼和贵阳楼，这些或方或圆的土楼，形成“七星拱照”之状，人称“坂仔七星土楼”。坂仔密集的土楼群落彰显了坂仔先民的勤劳和智慧。

坂仔土楼多为单元式结构，正门对面一般设有祖堂，反映了楼内族群崇敬祖先的思想。坂仔土楼楼匾多由地方名士题写，且大多有纪年，体现了坂仔土楼身上更多的文化内涵。

（1）环溪楼

环溪楼位于坂仔镇东风村，建于清嘉庆丁丑年（1817 年），由平和铜壶林氏先贤筹建，土楼环溪而建，故得名环溪楼，今土楼边种植有柚子树和香蕉等，别具一番风情。

环溪楼坐南朝北，内楼高三层，外环楼高一层，为三环圆型雨伞状土楼，至外环计算，楼径达 120 米，占地面积 5000 多平方米（见图 13-21）。内楼分 18 个单元，共 113 间房间。环溪楼外楼楼巷有两扇石门，俨然两道屏障拱卫着主楼，这种外环三层建制在土楼里十分少见。

环溪楼的楼匾、楼联字体浑圆遒劲，堪称书法中的瑰宝。楼联“北斗祥光辉画栋景象昭明，南山佳气护长垣规模豫大”（见图 13-22）由举人曾文粹所撰，据《平和县志》记载：“曾文粹，字肖玉，号润斋，平和九峰上湖人，乾隆四十五年（1780 年）举人，南安教谕。”

图 13-21 坂仔环溪楼内景

图 13-22 坂仔环溪楼楼联

（2）薰南楼

薰南楼位于坂仔镇东风村，当地俗称“顶新楼”，由铜壶林氏建于清乾隆四十年（1775 年）。楼原为三层，20 世纪 50 年代改建成两层单元式土楼（见图 13-23、图 13-24）。薰南楼正门向南，楼墙周长 207 米，建筑总面积 2675 平方米，占地面积 3300 多平方米。楼名及楼联由清乾隆年间进士何子祥所题，联句为“嶂列屏开，石阙祥云依圤极；风和日暖，天炉宝气焕南山”，楹联刚劲有力，入石三分。2006 年 5 月，薰南楼被列为省级文物保护单位。

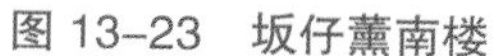

图 13-23　坂仔薰南楼

图 13-24　薰南楼内景

薰南楼内建筑分为内外两环，形成12个扇形单元，每单元均面阔三间，前后二进，其中除门楼与公厅（祠堂）各占一单元之外，还有住房10个单元。住房每单元都有进深1间、高1层的门楼和进深2间、高2层的正座，两者之间有天井和左右厢廊相连。

楼门细琢的石构拱门，上方嵌石刻匾额，上刻楷体“薰南楼”三个大字，上款镌“乾隆乙未”椭圆形印文，下款刻两枚方章，分别为“三月谷旦”及“叶尚文□”（见图13-25）。楼内梁架和门窗残存的木雕构件，多为漆金镂空透雕，图案精美。

图 13-25　薰南楼楼匾

（3）宾阳楼

宾阳楼，建于清嘉庆十九年（1814年），建造者为铜壶林氏先人林芬，“宾阳”取意“日出于东方，以楼为主，以日为宾，故称宾阳”（见图13-26、图13-27）。宾阳楼的楼联为：“宾朝曦于旸谷，天启文明，凤髻鸾发仪羽现；通真气乎西山，地钟瑰异，铜壶宝鼎物华新。”是清乾隆文华殿大学士蔡新之第六子蔡本俊所题。蔡本俊落款自称“姻眷弟”，可知为坂仔姻亲，而蔡新本人亦曾为坂仔五星村贵阳楼题写楼名、楼联，其母林氏或与坂仔有密切关系。

图 13-26　宾阳楼航拍

图 13-27　宾阳楼边门

7. 钟腾村土楼群

钟腾村位于霞寨西部山区，这里山清水秀、人杰地灵。清乾隆四十六年（1781年）黄氏后裔黄国梁进京参考，以大刀绝技“魁星踢斗”获辛丑武科榜眼，为表其功，乾隆皇帝特拨巨款在钟腾建造了宫殿式府邸榜眼府。在榜眼府周边，还错落矗立着朝阳楼、永平楼和余庆楼三座各具特色的土楼，成为钟腾村的又一景观。当地人说，三座土楼中朝阳楼谓之天，余庆楼谓之地，永平楼谓之人。天地人和，天长地久，天人合一，自然和谐。三座土楼与榜眼府互相呼应、相映成辉。

（1）朝阳楼

朝阳楼，为双环土楼，高二层，外环随地势起伏略有抬升，呈雨伞楼形，而内环院中为祖祠。门外还有三对旗杆石，分别为黄国梁获武秀才、举人和榜眼时立（见图13-28）。朝阳楼的正门并没有书“朝阳楼”三字，而镌刻“世大夫第”四字。从门匾上的落款“乾隆庚戌岁吉旦奠邦敬题”可以判断，土楼建于清乾隆五十五年（1790年）或在此时重修。

图13-28 朝阳楼门前

（2）永平楼

永平楼位于村中央，建造时间约在明代中叶至清代初年之间。永平楼楼体虽在，但损毁严重，楼门上门匾已经失落。根据现存楼址判断，楼为椭圆形单环二层单元式土楼（见图13-29）。

图13-29 钟腾永平楼

（3）余庆楼

余庆楼为三层单元式方形楼，该楼设有大小两座楼门，正门上石匾镌刻有“余庆楼”三字，落款是“嘉庆丙辰，端月吉旦”，嘉庆丙辰年即为清嘉庆元年，由此判断余庆楼应建于1796年（见图13-30）。据说余庆楼原先一楼到三楼都设有通廊，清朝末年因遭受火灾而毁。

图13-30　钟腾余庆楼

8. 延安楼

延安楼位于小溪镇新桥村后巷自然村，由延安楼楼匾可知，延安楼建于明万历癸未年，即明万历十一年（1583年），为平和发现有确切纪年的最早土楼，建楼者为楼匾的题款人张绍虞。

延安楼为方形夯土建筑，边长40米，墙厚1.5米，高3层，全楼设18个单元。延安楼最显著的特点是，石拱门外侧嵌着一座四柱三间三楼的石牌坊，与大门精巧结合，浑然一体，浮雕纹饰极具特色，土楼正门门楼为牌坊式的在漳州一带非常少见（见图13-31）。

图13-31　延安楼大门

9. 丰作厥宁楼

丰作阙宁楼又称寨仔，位于芦溪镇丰头坂村，始建于清康熙三十七年（1698年），历时40年告竣。土楼为四环近圆形建筑，正门坐南朝北，楼径77米，高4层，为单元式。外墙用河卵石砌墙脚，其上夯筑土墙。全楼设72单元，4层楼共计288

图 13-32 清末丰作厥宁楼明信片（林南中收藏）

间房（见图 13-32）。

丰作厥宁楼为芦溪叶氏第三房均礼公派下聚族而建。楼门石匾上刻“丰作厥宁”四字，大门联原为藏头联，即“丰水汇双潮十二世开疆率作，厥家为一本亿万年聚族咸宁”，今更为“团圆宝寨台星护，轩豁鸿门福祉临”（见图 13-33、图 13-34）。鼎盛时期有近 600 人居住于楼内。

100 多年前，外国摄影家就曾踏足丰作厥宁楼并拍摄了照片制作成明信片。目前已发现有一组共 4 张，是闽南土楼里较早登上明信片的土楼之一。在百年前交通极为不便的条件下，丰作厥宁楼居然吸引外国人来到这里拍照并制作成明信片，说明了丰作阙宁楼独具魅力。

图 13-33 丰作厥宁楼楼门

图 13-34 丰作厥宁楼内景

10. 宝鼎金垣楼

宝鼎金垣楼位于坂仔镇东风村，始建年代待考，楼呈方形，边长约 40 米。左边五间，右边四间，属于不对称的结构（见图 13-35、图 13-36）。门面是三层，楼内除了右边有三间是三层之外，其他是两层。右边的三层房间也在前边搭盖了两层，为历代重修的痕迹。

图 13-35 宝鼎金垣楼航拍

图 13-36 宝鼎金垣楼大门

楼门是十几块方形的石头拱砌而成，楼匾书“宝鼎金垣”四字，大门楹联“楼堞奇观雄宝鼎，河山真气护延陵”，落款“曾宏中书”。曾宏中，平和县新安里人，为明崇祯六年（1633 年）举人，说明此楼至少建于明末清初。

11. 西爽楼

西爽楼位于霞寨镇西安村，始建于清顺治十六年（1659 年），距今已有 300 多年历史。楼前是宽大的石埕和作为风水用的半月形池塘（见图 13–37），楼内天井房屋层层叠叠，巷道纵横交错，一座楼就像是一个庞大的村落。

图 13–37　西爽楼门前风水池

西爽楼为长方形土楼，四角抹圆，长 96.8 米、宽 81.6 米、高 15 米，共 4 层。土楼坐北向南，分设东、西、南三门。全楼共有房 76 间，祠堂 6 座，祠堂分两排，每排 3 座。祠堂与祠堂之间呈现“廿”字形的巷道，每座祠堂正面都有较大的前院，其余三面是窄窄的巷道。楼前石埕长 86 米、宽 17.7 米，埕前半月塘最宽处可达 30 米。

西爽楼楼体虽在，但损毁严重，墙体倒塌只剩下一面，因年久失修，曾经宏伟的单元式方楼已是岌岌可危，现土楼已有部分维修。

12. 聚德楼

聚德楼位于霞寨镇大坪村，当地人称旗杆楼。聚德楼是大坪黄姓始祖第十四代孙黄逊敏于清康熙三十四年（1695 年）始建，至康熙五十九年（1720 年）方才落成。聚德楼坐西向东，占地面积达 2000 多平方米，内设 24 个单元及 3 间祖祠，楼高 4 层，一层、二层为单元式，三层、四层为通廊式（见图 13–38、图 13–39）。

相传聚德楼主人黄逊敏由附近西安村的西爽楼分衍过来。聚德楼建成后，楼内黄氏子孙秉承先祖“孝道”“重教”的传统美德，因而楼里出了不少获得功名的人。先后有黄云卿、黄兆昌考中进士，黄纶桀、黄錞、黄然、黄国仙、黄时雨、黄炳章获得文武举人。楼内有祖祠，梁上老木雕件十分精美，祠堂上悬挂有《峭祖训诗》，体现大楼里诗书传家的遗风。

为了弘扬祖德，族人特意在楼门前竖立了9座石旗杆以示嘉勉。每一座旗杆背后都有一段聚德楼内黄氏先人勤奋苦读、考取功名的故事，因而土楼也就有了旗杆楼的美称。

图 13-38 聚德楼

图 13-39 聚德楼内景

13. 清溪楼

清溪楼位于霞寨镇村东村东古洋，又名东古楼、铜鼓楼。土楼为大坪黄氏十四世祖燕贻公于清乾隆四年（1739年）所建，距今已有近300年的历史。

清溪楼为单元式与通廊式混合形式的土楼，楼高4层。楼内正中设祖祠，祖祠两边分36个单元。一楼36个单元每间设有通道走廊，左邻右舍之间可以相互串门；三楼、四楼内通廊。这样的设计既保持了小家庭生活的私密性，又满足了整个土楼大家庭之间互相联系、互助互敬的生活需要。

清溪楼设计独具匠心，土楼秀丽典雅、优美壮观，是土楼大家庭里少有的一座保存完好的精美土楼（见图13-40）。早在半个世纪前，平和画家郑昆松便将清溪楼的倩影用水彩画展现出来，为外界所了解。

图 13-40 清溪楼

14. 寨河土楼

寨河土楼位于平和县五寨乡寨河村，土楼占地约 8.7 亩，底层为石条砌筑，墙体为三合土夯制，楼墙厚约 2 米、高 10 米（见图 13-41）。楼分为内楼和外楼，内楼是一座高约 12 米、长约 9 米的 4 层方形土楼（见图 13-42），而外楼为三层圆角内外通廊式方土楼，共有 120 个房间，鼎盛时期楼内居住着 500 多人。

图 13-41 寨河土楼

图 13-42 寨河土楼内楼

土楼设北门和水门两道门。据统计，土楼共有射口 155 个，瞭望口 68 个。外楼第一层和第三层的房间还有内外廊道相通，且东南西北四个方向均有角楼（见图 13-43）。原来土楼外还有一条护城河，河沟有七八米宽，现护城河已经被填平，只留下一些痕迹。

15. 思永楼

思永楼位于五寨乡埔坪村，为埔坪林氏祖先子慕公十一世孙林志连于清雍正五年（1727 年）倡建，相传历三代才建造完工（见图 13-44、图 13-45）。楼平面呈“回”字形布局，墙体由三合土夯筑而成，总占地面积约 1500 平方米。外围护楼长方形长 40.8 米、宽 38 米的长方形，前列楼屋顶为歇山顶燕尾脊，后列外墙两角抹圆呈马蹄形，后半部依地形而逐步升高，楼有三层，高 12 米，平面为 26 开间。内楼为正方形，楼高四层（见图 13-46）。现楼体内部大部分坍塌，仅剩内外楼外墙。

图 13-43 寨河土楼凸墙

图 13-44 思永楼航拍

图 13–45 思永楼

图 13–46 思永楼内景

16. 南阳楼与聚奎楼

位于秀峰乡福塘村，福塘村又称太极村，是以朱姓为主的客家村落，秀峰溪呈“S”形从村中流过，将村庄南北分割成“太极两仪”，村中古建筑群规模宏大，由万顺大厝、茂桂园、留秀楼、观澜轩、旭日东升厝、寿山耸秀楼、聚奎楼、亲睦堂等62座大厝、土楼古建筑组成。其中的南阳楼和聚奎楼两座圆土楼就像鱼眼，从高处看，全村宛如一幅阴阳太极图（见图 13–47）。福塘村已列入福建省历史文化名村、传统古村落的名列。

图 13–47 福塘村航拍（福塘村供图）

南阳楼，建于清代，为三层两进单元式圆形楼，与聚奎楼格局类似（见图 13–48）。楼平面 16 个单元，34 开间，每个单元两开间，单元入户均为拱券门，拱门上方均置有两枚门簪作装饰，或方或圆，各户不一（见图 13–49）。楼内院埕卵石铺地，有水井一口。大门西北向，门厅已垮塌，仅存花岗岩条石矩形门框，大门两侧多个单元楼也已倒塌。

图 13-48　南阳楼航拍

图 13-49　南阳楼内景

聚奎楼，为旅泰华侨杨友政授妻邓吉筹建，落成于民国二十五年（1936 年）。为三层两进单元式砖土楼，外墙为夯土，内单元间为青砖砌筑。大门保存完好，为花岗岩方框套拱券门，内单元门均为拱形门，门窗雕花镶联，非常精致（见图 13-50、图 13-51）。门额楼名、门联及内单元门窗联均为近代闽南著名书法家黄惠所题，弥足珍贵。整座圆楼共 8 个单元，30 开间，一进为单层，设天井，二进为三层，楼通高 9.2 米，直径 34 米，占地面积约 1261.5 平方米。

图 13-50　聚奎楼大门

图 13-51　聚奎楼门窗及楹联

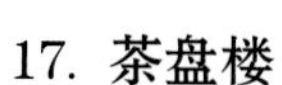

17. 茶盘楼

茶盘楼又称茶盘厝，位于九峰镇福田村田中央，为半椭圆形，又似畚箕形，茶盘式布局（见图 13-52）。居住在茶盘厝的曾凡钊介绍说，茶盘厝建于 19 世纪 30 年代，坐西南向东北朝向，内埕中间右侧“官式大厝”始建于清乾隆年间，而内埕左侧两排横屋及外围环半椭圆形两层单元式土楼。

图 13-52　茶盘楼

茶盘厝建筑前低后高，层层跌落，布局考究，形式奇特，门厅、回廊及各处廊柱、门楣上洋溢浓浓的书卷气，楼内的题匾、楹联无不浸润着土楼人家诗礼传家、书香门第的气韵，展示着主人的文化素养。

18. 景云楼

景云楼位于九峰镇城乡交接处的井下楼社，今碧溪公园内。景云楼始建于清乾隆二十年（1755年），为单元式圆形土楼，高三层，楼径54米，全楼共16开间（见图13-53）。正门朝东，拱门上花岗岩牌匾“景云楼”三字由乾隆年间进士、时任漳州镇平和营游击周廷凤题写。

图 13-53 景云楼

景云楼肇基祖为端峰公派下五房第十四世孙济南、登南兄弟，因继承“漳和永记烟行”祖业发家致富，遂从盘石山区老家搬至九峰城外建景云楼。因年久失修，如今景云楼部分楼体破损严重。景云楼为距离九峰镇区最近的大型土楼。

19. 山溪胜概楼

山溪胜概楼位于平和霞寨岩岭村，主要为庄氏聚落。岩岭庄氏开基祖庄敬旺于明初从南靖奎洋迁来，楼约建于明末清初，为岩岭最古老的土楼，楼门石匾刻“山溪胜概”（见图13-54），因楼呈长条形，似猪槽，俗称猪槽楼。原住有几百号人，20世纪90年代后人们陆续搬出，今楼处于废弃状态。

图 13-54 霞寨山溪胜概楼大门

20. 中庆楼

中庆楼位于崎岭乡下石村，为三层单元式椭圆形土楼（见图 13–55），建于乾隆戊申年（1788 年），为崎岭承卿林氏中寨房世居之所。中寨房林氏林润秀因在乾隆壬申年（1823 年）获武进士而成为当地望族。中庆楼大门有一对奇特的草书对联，许多人都猜不出对联的内容，其实联句为“四面时光环溪汉，三星佳气绕楼台”（见图 13–56）。

图 13–55　中庆楼内景

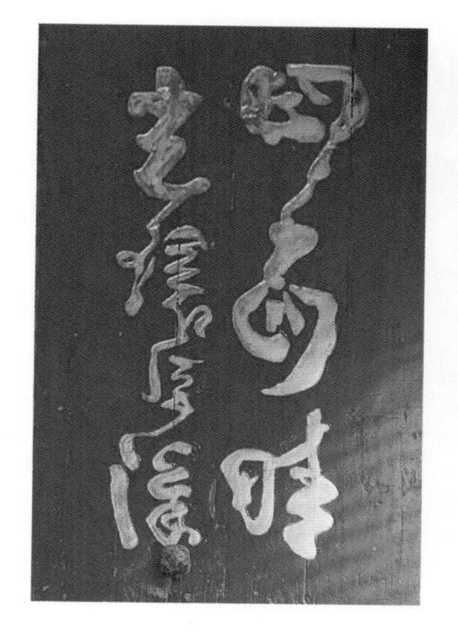

图 13–56　中庆楼大门楼联

21. 到凤楼

到凤楼位于崎岭乡下石村，相传建于明末清初，为石姓所建，是一座四层圆形双环内外通廊式与单元式混合式土楼，正门坐北朝南，门宽 1.73 米、高 2.98 米（见图 13–57）。门上石匾刻“到凤楼”三字，两侧无题款，门柱亦未镌楼联。楼内共计 24 单元，单元含墙进深约 12 米，每个单元均独立开户，户内自设楼梯通往二层，三层、四层需经由门厅左侧公共楼梯上下。

到凤楼内埕直径约 15 米，中间置一方形水井，井已干涸。由门厅左侧楼梯上楼，可见第三层设有内通廊可环楼一周，各单元以木栅屏隔成房间。四层靠墙一侧设置有可环楼一周的外通廊，是少有的单元式、内通廊、外通廊混合式土楼。今楼内坍塌严重，仅外环墙体及屋顶总体完好，现已无人居住。到凤楼与中庆楼相邻（见图 13-58）。

图 13-57 到凤楼

图 13-58 到凤楼与中庆楼航拍

22. 内林砖土楼群

小溪镇内林村，为平和侯山李氏分衍的聚居地。村中原有七座砖土楼，今仅存四座，分别为拱西楼、玉璧增辉楼、植德楼、文山楼，仅拱西楼门匾有“道光丙午年”（1846 年）纪年（见图 13-59 至图 13-62）。

图 13-59 植德楼

图 13-60 植德楼侧门

图 13-61 文山楼楼匾

图 13-62 拱西楼楼匾

其中，玉壁增辉楼位于平和县小溪镇内林村，楼建于道光丙午年（1864 年），为当地李氏所建。玉壁增辉楼外墙为红砖砌成（见图 13-63），墙基砌石条，大楼平面呈四方形，正门朝西，楼宽约五十米，特有的砖土楼原高四层，现存二至三层，高十一米，墙宽约一米。

据村民介绍，内林村地处九龙江花山溪边，因地势低洼，几乎每年都会发洪水，所以土楼地基不能用土砌楼，以防受到洪水浸泡而松动。

图 13-63　玉壁增辉楼后侧墙

23. **南胜土楼群**

南胜是南靖始设县驻地，现为平和的一个乡镇，与五寨、国强乡及漳浦、云霄县地接壤，是个多山多丘陵的乡镇，分布有 52 座土楼，是平和县土楼分布数量第二多的乡镇。

（1）敦洋楼

敦洋楼位于义路村新楼组，建成于清乾隆五十七年（1792 年），为方形单元式、通廊式混合土楼，四角抹圆。座东朝西，楼前有条砖铺成的大埕和风水池。敦洋楼楼高三层，第三层通廊式（见图 13-64、图 13-65）。

图 13-64　敦洋楼外景

图 13-65　敦洋楼楼匾

（2）西安楼

西安楼位于南胜镇前山村，为二层单元式圆土楼，共25开间（见图13-66），楼内埕铺鹅卵石，有水井一口。内埕直径24.33米，每单元含内墙进深9.54米，一层外墙厚0.90米。楼门门匾刻有“西安楼”三字。西安楼为胡姓土楼，现无人居住（见图13-67）。

图13-66 西安楼航拍

图13-67 西安楼内景

（3）下六楼

下六楼又称龙秀美楼，位于南胜镇南胜村下六自然村，为单元式不规则土楼，平面为28开间，楼高一二三层不等，门楼仅高一层。大门朝东南，左侧约50米为南胜溪。据楼内居民说，该楼地理为坐龙看龙，故楼不能建高，不能建圆（见图13-68）。楼内有水井一口，内埕铺鹅卵石。

（4）大科洋楼

大科洋楼又称大高洋楼，位于南胜镇糠厝村（见图13-69）。大高洋楼为20世纪50年代几个生产小组合建而成，坐南朝北，平面呈马蹄形。土楼三面呈半圆形，一面呈直线形，半圆与直线没有闭合，土楼半圆部分有27个开间，楼的直线部分有11个开间，共计有38个开间。楼北门为正门，东西方向各有一出入口。大高洋楼的一大特点是在围屋内又建了一列直排的房子，此列排房后被拆，改建为一座处于围屋中心的凉亭，亭周围铺种草皮形成一个近似大圆，大圆中等份铺设四条小路，形成新的景观。至2017年，大高洋楼内有居民5户，多为老年人，今土楼保存完好。

图13-68 下六楼航拍

图13-69 大科洋楼航拍

（5）大茂楼

图 13-70　大茂楼

大茂楼位于南胜镇龙溪村大山深处山顶上，建造年代不详，相传有300多年的历史，为二层单元式圆形土楼建筑，内埕直径约30米，高约10米，分16个单元，楼门设于东面（见图 13-70）。楼内已经无人居住，楼体倒塌近三分之一，只有围绕土楼周边的几处房舍还居住12户林氏居民。大茂楼内无水井，是土楼中少见没有水井的土楼之一。

24. 国强土楼

国强乡位于平和中南部，乡名系1958年为纪念革命烈士赵国强而命名。国强乡原为高坑乡，也称侯卿、后坑。现有26座土楼，比较有名的土楼有霄岭藩垣楼、仰星楼、蔡田楼、六成楼、迎薰楼、玉明楼等。

（1）霄岭藩垣楼

霄岭藩垣楼位于国强乡乾岭村，为海澄公黄梧建于明末清初（见图 13-71）。楼原先为四层，后改建为两层，为前平后圆的半圆形土石混建土楼，全楼34开间，一层用花岗岩条石筑成，高1.67米，墙厚1.8米。该楼四角原建有炮楼，楼内每个单元均设有射击孔。后黄梧又在楼后建仰星楼，并在两楼之间建炮台，总体防御性极强。

（2）仰星楼

仰星楼位于国强乡乾岭村客楼社，建成于清顺治十四年(1657年)，为二层单元式圆楼，全楼设26开间，一层外墙用乱石、夯土混筑，墙厚1.12米；二层用土砖砌筑。门匾刻“仰星楼”，上款：顺治十四年；下款：一等海澄公黄梧立（见图 13-72）。

图 13-71　霄岭藩垣楼门

图 13-72　仰星楼

（3）六成楼

六成楼位于平和县国强乡高坑村溪坪组，清道光二十四年（1844 年）始建，当时 75 岁的陈秤云率六个儿子倾力打造，六子协同父力共同筑楼，因此得名“六成楼”，历时 5 年建成。

图 13–73 六成楼门匾

六成楼位于河边，楼门由花岗石砌就而成，楼匾“六成楼”三字（见图 13–73）。楼呈双环三层单元式与通廊式相结合的样式，二楼为单元式，三楼则是通廊式，楼内共 32 间，2265 平方米，楼墙厚实，楼道相通，建筑精美（见图 13–74、图 13–75）。

图 13–74 六成楼

图 13–75 六成楼内景

（4）玉明楼

玉明楼为国强乡白叶村八座土楼之一，由黄氏先人黄江河建于清乾隆末年，因在八座土楼中最晚建成，也被称为“新楼”，为二层单元式圆土楼，全楼 22 开间，共 44

个房间（见图 13-76）。楼前一条溪水流过，楼后不远为另一座土楼迎薰楼。20 世纪 30 年代，乡村医生黄隆财和黄文英叔侄在玉明楼内开设永和堂医馆，并以此为中心开展革命活动，为游击队员治伤送药送情报，是和平县一处重要的革命遗址。

图 13-76　玉明楼

25. **慎德楼**

慎德楼位于文峰镇上峰村，建成于清乾隆二十四年 (1759 年)，1922 年重修。为三层通廊式圆形砖石土楼，慎德楼大门西向，门匾刻由“慎德楼”三个字，为花岗岩条石方框套拱券门，平面 24 开间（见图 13-77、图 13-78）。内台明宽 0.75 米，单元含内墙进深 8.1 米，底层外墙厚 1.64 米，第二层、第三层设内通廊，楼内有一口水井。开间之间隔墙用生土夯筑，内外环墙均用青砖砌筑而成，外环墙墙基用花岗岩块石砌筑，高出地面 2.4 米（见图 13-79）。环楼外侧屋顶均不出檐，只在墙头以红砖拼叠出挑作为檐口，这些建筑特点在闽南土楼中极为少见。

图 13-77　慎德楼楼匾

图 13-78　慎德楼航拍

图 13-79　慎德楼砖墙

二、平和寨堡

1. 小溪三城

小溪镇为今平和县县城所在地，旧时小溪有西山城、南山城和龟头城“三城”。

（1）西山城

西山城又名侯山寨，位于小溪镇葫芦山南麓西林村。西林古称西山，又称侯山，西山城原有占地面积约 80 亩，城墙宽 2 米，高约 10 米，城楼分为上下两层，上层作为管理办事处所，底层则为大门通道，整座城楼均以长方形石条砌叠而成，四周环绕护城河。自南宋以来，李姓聚集西山，“西山李”成为闽南一大望族。据《平和县志》和《侯山李氏家谱》记载，明正德九年（1514 年）“西山李”五世祖李世浩、李廷淳率族人围筑西山城，历时十年竣工。西山城外水道可供船只航行，上达北坑烟行，外与花山溪连接。

西山城分东西南北四门，南门（正门）门楼由 99 块条石砌成，上嵌明代书法家范允临手书“侯山玉璧”石匾（见图 13–80），正门遥对溪南屏障天马山，气势宏伟。

城内分三街六巷，置有 99 个石门，99 个柴门，72 眼水井，大街小巷均用花岗岩板材铺设。李氏祖庙在西山城中，位于中街与前街之间。前门正对城门，门前设置下弦半圆照壁，与拱形的城门构成圆孔，意为“葫芦口”，即“葫芦吐烟”之宝穴。今西山城存“侯山玉璧”与“西铭碑记”城匾以及清乾隆十六年（1736 年）“李氏重修祖庙序”石碑和侯山宫等遗址。

图 13–80 西山城南门门匾

（2）南山城

南山城又称南山月寨，位于小溪镇高南村。城东西长 200 米、南北长 150 米，城匾书“天岳培基”四个大字，遒劲有力，大门联“喜气西来，地转琯溪环月寨；明星北拱，天腾马麓壮金垣”。寨前有约 5000 平方米的半月形池塘（见图 13–81）。

南山城原有三街六巷，还有九个出水口，城里祠堂、寺庙分布其间，最繁华的时候，里面居住有千人左右。城内住民都姓林，据林氏族谱记载，南山林氏开基一世祖原甫公，字南塘，生于元朝仁宗甲寅年（1314 年），祖籍河南，年轻时因不满元朝外族统治，参加反抗元朝外族统治的起义。兵败后，原甫公一人到处逃难，于元惠宗年间，来到南山村开基立业。

图 13–81　南山城航拍

（3）龟头城

龟头城原名遵畴寨，穴名“金龟背印”，为琯溪张氏的肇居地。相传城始建于元至正年间，坐北向南，正面为楼阁式门楼，石拱门，青砖墙，其余为夯土墙，朴实坚固，蔚为大观（见图 13–82）。现存残墙长 23 米，高 4 米，宽 1.5 米。城门门匾刻“遵畴拱极”，石刻门联“元世来作避秦人，云窒祖居成故迹；明时重逢建武日，琯溪旧卜肇新营”。城墙旁立一石碑，大意为：自明洪武年起，至清康熙年间，琯溪张氏后裔先后在龟头城内建有琯溪张氏大宗祠、御史公祠、耕野公祠、五房厅和万里公庙“四祠一庙”。龟头城屡有修缮，今为县级文物保护单位。

图 13–82　龟头城大门

图 13-83 蔡家堡航拍

2. 蔡家堡

蔡家堡位于平和县山格镇隆庆村，相传始建于宋末，其外形犹如英文字母“U”形，古堡坐东朝西，长度约750米，城内有房屋100多间，每间有二至三层，青砖砌墙，屋顶为硬山顶，红瓦双坡面，显得十分的古朴、别致，当地村民称之为“联排别墅”（见图 13-83）。

传说隆庆村是一处“卧牛”风水宝地，地形像个“牛脚印”，古堡四面环水，坐东朝西，东高西低，西侧是开口，又如粪箕外形。每年的正月初五，隆庆村举办独特的“双狮走水尪”民俗文化活动，至今已有几百年的历史。

3. 马堂城

马堂城，位于安厚镇大峰山南麓马堂村（见图 13-84）。城建于明朝成化至弘治年间，由马堂张姓族人所建。整个城堡规模宏大，当地称“覆鼎金”宝地，状如一口倒扣的大鼎。城高约5米，城基用乱石垒砌，上为夯土，墙上置有枪眼。全城设东西南北门及水门共五门，正门朝东。城外设有16口池塘，即为人工风水挖掘，又可做为防御工程。城内有300多间民居，古城格局依存。

图 13-84 马堂城航拍

马堂为张姓大村，为平和张氏开基始祖文通公的发祥地，历史上马堂张姓人才辈出，有明朝进士、官至四品衔奉政大夫张一栋，全国政协原副主席张克辉的祖籍也是出自马堂。马堂城中间为张氏大宗“敬爱堂”，祠堂坐南向北，始建于明朝万历辛丑（1601）年。马堂城水门外边上有一座奇特的马堂姨妈祖祠，里面供奉康熙年间张祖妣（姨妈）詹氏养娘。

4. 霞阳寨

霞阳寨位于霞寨寨里村，村子因寨而得名，寨中以周姓为主，是典型的村寨式城堡，始建于明代（见图 13–85）。据霞山周氏族谱载，明正德年间王阳明入闽平寇乱时，曾在此安营扎寨，周氏配合平寇有功。

从卫星云图上看，寨呈不规则马蹄形。寨垣设五门：东门名“寅宾”，现存门匾；西门名“奎垣”，门匾为宋黄庭坚字体（见图 13–86）；山之南面为阳，霞山之阳即为霞山的南门，故南门名“霞阳”（见图 13–87）；北门坍塌，门匾遗失；水门仅存可容一人进出的门框。

图 13–85　霞阳寨航拍（黄坤华摄）

图 13–86　霞阳寨西门门匾

图 13–87　霞阳寨南门

霞寨堡规模宏大，寨内民居以山顶宗祠为中心点向四周散布，外围寨墙有两层，一层为青砖，二层夯土。南门为正门，二层为三平祖师庙。如今寨内已没有几户人家，大多房屋已废弃或倒塌。

第十四章　漳浦县土楼与寨堡

漳浦县，北临龙海，东望厦门，西通潮汕，东南面为台湾海峡，“处八闽之极地，为漳潮之要冲”，全县土地面积1981平方千米，县境内东南部濒海地区为平原或小丘陵，古雷、六鳌、井尾三个狭长的半岛突于海上，境内鹿溪、鸿儒溪、赤湖溪、浯江溪等河流的入海口形成三个大海湾，构成了210千米曲折而绵长的海岸线；西北部特别是与平和交界地区，以黄炉山及其余脉形成的山地为主，西南面与云霄交界，为著名的梁山山脉，北部为玳瑁山脉，中部又兀立着一座高580米、东面峭立、西面平缓的丹灶山。《漳州府志》称，“苍山万寻，涨海千谷。南北朝沈怀远诗。处八闽之极地，为汀、漳之要冲。前屏梁山而十二峰之并秀，旁环鹿水而八余水之交清”，大概叙述了漳浦县的山水地理环境。

漳浦是漳州境最早置县的县域，也曾作为漳州州治所在地，东晋义熙九年（413年）立县时，称绥安县，县境包括现在的东山、云霄、诏安及部分南靖、平和县地。漳州于唐垂拱二年（686年）建州，初设州治于云霄西林旧地，辖怀恩、漳浦二县，是为漳州肇始之地。后于唐开元四年（716年）徙州治至李澳川（今漳浦县绥安镇），唐天宝元年（742年）至唐乾元二年（759年）漳州曾改为漳浦郡。唐贞元二年（786年），漳州州治再徙龙溪县桂林村（今漳州城区）。

漳浦海岸线绵长，处于东南沿海重要的海防线上。明代这里就是防倭的前线，设立六鳌、古雷等兵防城堡。自明中期起，这里又成了倭寇侵扰的重灾区，民间相继建堡自卫，遗存最早的土堡一德楼就诞生在这里。明末，郑成功以闽南沿海一带为根据地进行反清活动，漳浦的旧镇城、黄家寨、横口城等都成为郑军的主要据点，并时有加固和增添。清廷实行迁界政策后，从清康熙元年（1662年）开始，20年的迁界给漳浦人民带来了一定的灾难，也给漳浦大地留下大量寨堡史迹。清代中期，沿海地区发生的宗族纷争又为漳浦土楼与寨堡的兴建起了推动作用。以上基本叙述了漳浦土楼、寨堡、城堡等防御性乡土建筑的历史发展过程。

在不同时代，漳浦土楼城堡呈现出不同特点。

明初主要以官方兵防城堡建设为主，民间筑堡为辅；明中后期，则主要以民间筑堡为主，如梅月堡、赵家堡、一德楼、贻燕楼等；清初的迁界，使漳浦沿海地区明代建造的土楼和城堡几乎遭到毁灭性的破坏，现大多存断墙残垣，部分保存下来的有人和楼、刁家楼、保安楼、上黄楼、路边楼、贻燕楼、庆云楼、晏海楼等；清中期以来，漳浦相续出现了蓝理、黄性震、蓝廷珍、杨世茂和蓝元枚等以平台起家的新贵，他们拥有强大的政治资本和财力，率先掀起再次修城筑堡、建造土楼之风，如诒安堡、日新楼等。直至清乾隆年间，漳浦民间才开始普遍建造土楼，形成了全县范围内建造土楼的高潮，这时期的土楼占全县现存土楼总数的一半以上。清乾隆年间的土楼以圆楼为主，但体量都较小，基本上都采用内通廊式，后来由于家族人口的增加，土楼开始向多圈发展，其中的锦江楼就是一个典型的例子，同时夯土的质量也有较多的讲究，一种平面造型相当别致的“万”字形土楼，如阜安楼、永清堡等也在这个时期出现了。这一时期是漳浦土楼建造的鼎盛期，并一直延续到清嘉庆年间。嘉庆以后，土楼的主要功能开始从以防御性为主向居住和防御相结合的功能转变。然而，漳浦土楼终究没有成为民居建筑的主流，自清末以后，人们就相继离开了土楼，回到传统建筑的空间里。

在漳浦的土楼中，2004 年时统计为 130 座，其中圆土楼占 60 座，方楼占 50 座，“万”字形 7 座，其余为其他形式。土楼中年代较早的是建于明嘉靖三十七年（1558 年）的绥安镇马坑村一德楼，还有建于明嘉靖三十九年（1560 年）的霞美镇过田村贻燕楼、霞美镇运头村庆云楼以及旧镇潭头晏海楼等，都是明代同一时期土楼的代表，而建筑年代最晚的为民国五年（1916 年）的温斗村庆云楼。

总体上，属明代建造的土楼约 26 座，占总量的 1/5，建于清乾隆、嘉庆时期的有 45 座，占总量的 1/3 还多。内通廊式计 85 座，一般分散于县境东部沿海地区，以锦江楼最为著名；单元式土楼 25 座，主要集中在石榴、盘陀这两个靠近平和县的西部乡镇，盘龙新楼是这类土楼中的代表作品；土楼中直径最大的为崎溪村的土城，达 108 米，最小的为周军堡，直径 12 米，层高一般为 2~3 层，其中东升镇诒燕楼高 4 层，是漳浦土楼中层数最高的土楼。

在建材上，漳浦土楼的墙体绝大多数为三合土夯筑，漳浦是岩石资源较为丰富的地区，岩石在土楼中的运用也极为普遍，有相当一部分土楼底层采用条石构筑，二层以上才用三合土夯筑。位于前亭镇文山村的大安楼，外墙全部采用条石构筑，且经过了精细加工，实为罕见。

在形式上，土楼的形式丰富多姿，其中“万”字形楼独具特色；夯土工艺精湛，防御体系完备，各种居住形式共存，多种建筑工艺并用，是闽西南土楼的一个重要组成部分，也是研究闽西南土楼发展史必不可少的实物资料。

城堡和土楼是漳浦古建筑重要的组成部分，400 多年来历朝历代纪年土楼没有间断，发展脉络清晰。漳浦的城堡和土楼内在关系密切，历史背景相同，文化内涵相通，建筑形式相近，因此无论是侧重于哪一方面的研究，都应视为不可偏废的整体[①]。

---

① 王文径：《城堡与土楼》，漳浦县金浦新闻发展有限公司印，2003 年，第 1–7 页。

一、漳浦土楼

1. 一德楼

一德楼位于绥安镇马坑村乌潭埔自然村，建于明嘉靖三十七年（1558 年），为当地吴氏族人所建，是目前国内已知有纪年的较早的土楼。

图 14–1 一德楼残墙

一德楼建筑为方形，平面长 27 米，宽 26 米，原为 3 层共 35 间房，现仅残存楼墙，外墙底部为两层条石叠砌，条石上为三合土夯筑，墙底厚 1.3 米，向上墙内外同步收缩，二层墙厚 1.0 米，三层墙厚 0.82 米（见图 14–1）。土楼一层无窗，二层、三层设有狭长小窗，土楼中间为公用的大埕。楼匾上镌刻“一德楼”，上款“嘉靖戊午年”，下款“季冬吉日立”（见图 14–2）。楼外约十米建有略呈圆形的围墙，围墙厚 1.6 米，依围墙建有一圈围屋形成的外楼，形成外圆内方的平面格局，墙外有护城河，似小型城堡。一德楼防御功能完善，其大门十分厚重，备有护门横木，石门框顶埋两道斜陶管，通门框缝隙，二楼可以注水用来防范火攻（见图 14–3）。

图 14–2 一德楼楼匾

图 14–3 一德楼大门

一德楼于 1943 年被日本飞机炸毁西南角，从此楼废弃无人居住，现只剩主楼四围残墙，楼匾被人收藏。

2. **锦江楼**

锦江楼位于深土镇锦东行政村锦江自然村，为内高外低三圈内通廊式圆形土楼，清乾隆五十六年（1791 年）林升泽始建，嘉庆八年（1803 年）其妻李灿续建中圈，后来其后裔再续建外圈，子孙世代聚居于楼中（见图 14–4 至图 14–6）。

图 14–4　锦江楼

图 14–5　锦江楼航拍

图 14–6　锦江楼内景

锦江楼正门朝西南。内圈直径 25 米，高三层，内墙厚均为 0.5 米，一层外墙石构，为三合土版筑，主楼内设 12 间开间，正北间作为祖堂，供奉锦江楼的建造者林升泽。二楼为木结构内向通廊，三层外墙厚 0.8 米，无隔间，外圈环圈通连，南面为上下楼梯间，梯道直通第四层主楼，系供紧急时集中守卫。主楼设左右两个小门，通过小门可至三层楼顶。主楼四层，楼顶为双坡顶，外墙高于屋顶，整个建筑外观为内高外低，呈官帽式形状，又称为官帽楼。

锦江楼内门楼匾镌刻“锦江楼”，落款书“乾隆辛亥年端月谷旦建”。外楼门匾镌“安澜著庆”及“嘉庆癸亥年端月谷旦置”。楼前为大埕，埕前设有戏台和风水池。

3. 永清堡

永清堡位于漳浦县大南坂农场下楼村，为清乾隆三十四年（1769年）大学士蔡新所建。楼分两圈，内楼楼体四角各突出一弧形的角楼，平面成“卍”字形，内楼为两层，一层条石垒筑，二层夯土。楼二层为内通廊，大门朝东，门匾镌刻“永清堡”三字，落款“乾隆己丑年腊月谷旦建”（见图14–7）。外环距内楼约20米，外墙下为石筑，上为夯土，高4米，厚约1.2米，周长330米，现已部分坍塌（见图14–8）。永清堡从平面看类似风车，又被称为“风车辇楼”。

图14–7 永清堡楼匾

图14–8 永清堡侧影

4. 贻燕楼

贻燕楼位于霞美镇过田村土楼自然村，明嘉靖三十九年（1560年）刘氏族人建。楼平面呈长方形，为三层内通廊式结构，楼长32米、深25米。楼墙一层为石地基，往上为夯土板筑，外墙厚0.8米，内隔墙厚约0.6米。楼门向西北，石构单层平顶，门前建1.5米高的台阶。楼匾镌“贻燕楼”，边款“时嘉靖庚申年仲冬立”（见图14–9至图14–11）。

图14–9 贻燕楼

图14–10 贻燕楼门匾

图14–11 贻燕楼航拍

5. **石榴坂村均和楼**

均和楼位于石榴镇石榴坂自然村，为浮山许氏兴建。楼始建于清雍正九年（1732年），清乾隆十三年（1748年）完工。均和楼为三层土木结构，平面呈双圈内通廊式结构（见图14-12）。内楼一、二层为12开间，三层无隔间，作为大通间，木构内通廊，楼径22.7米，周长65米，建筑面积912平方米。外圈圆楼为两层，直径48米，围长174.4米，建筑面积2100平方米，设68间房，每3间为一单元，每单元均设一厅二房一走廊；每单元深8米，设内向通廊，与内城楼同向（东北）开门。圆楼总占地面积3668.5平方米。

均和楼楼匾书"均和楼"三字，右边款"乾隆戊辰年"，左边款"季冬吉旦书"，无书者落款（见图14-13）。民国时期均和楼曾作为监狱，之后曾作为粮食仓库。2004年6月，均和楼被列为漳浦县第八批县级文物保护单位。

图14-12　石榴坂自然村均和楼

图14-13　石榴坂自然村均和楼楼匾

6. **明远楼**

明远楼位于石榴镇石榴村，清乾隆三十年（1765年）建。明远楼平面呈正方形，边长38米。楼墙由三合土构建、条石为基，外墙厚0.8米，原建筑墙内东西南北四个方向均偏右建了七个开间两层楼房，正南一间设楼门，四个方向偏左各加四间平房。楼匾"明远楼"，边款"时乾隆乙酉岁季春谷旦立"。

7. **慎德楼**

慎德楼又称白楼，位于南浦乡后坑村。楼建于清初，据《后坑许氏家谱》记载，该楼乃乡贤许鄷所建，许鄷，字西畿，他一共建九座楼堡，此楼是他所建的第一座，规模宏大壮观。

慎德楼坐北朝南，楼南面为半月形水潭（见图14-14）。楼主体由三合土所筑，由内圈圆楼、外圈半圆楼、方楼、厢房等组成。主楼平面直径20米，分隔为十开间，每间深3米，高四层，为木构内通廊，楼门南向，石构双层，有匾，外圈直径40米，内楼为24间楼高四层，亦为内通廊式，楼门开在正东，并于西南角开一小门。正面与外圈相距6米处，又建一座长30米、深5米的两层小楼，楼南为半月形的水池，又于外圈的左右两侧各建一座宽 24 米，深 35 米的两层厢房，隔为 8 开间，厢房的两侧均建三合土墙与外圈相连，组成规模宏大的建筑群。1936 年，土楼毁于战火。现楼中建筑大多为改建，尚存墙基及部分楼墙。

8. 昆裕楼

昆裕楼位于南浦乡后坑村桥头 9 号，大门朝南，为圆形通廊式，高两层，内设 14 单元，中间设一天井（见图 14–15）。楼内原居住欧姓，后来为杂姓居住，今已废。

图 14–14 慎德楼

图 14–15 昆裕楼

后坑村位于南浦乡东部，东与马苑村为邻，西与兴巷村毗连，南与龙桥村相接，北与中西林场交界。源自大帽山的后坑溪向西流，汇于南溪。

9. 龙门屏翰楼

龙门屏翰楼又称高厝楼，位于南浦乡高厝村南浦溪东侧，为正方形双圈三层土楼，内楼边长 19 米，外楼长约 32 米，楼基为条石砌成，往上是三合土夯筑的土墙，墙厚 1.1 米（见图 14–16）。今楼门已毁，楼匾存于楼内（见图 14–17）。龙门屏翰楼为许氏所建，目前已无人居住。

图 14–16 龙门屏翰楼

图 14–17 龙门屏翰楼楼匾

10. 詒燕楼

詒燕楼位于长桥镇东升村，建于清乾隆十七年（1752 年），为四层单圈圆楼，平面直径 36 米，底层以条石砌筑，二层以上为三合土板筑，底层墙厚 1.2 米，往上外壁向内逐渐收分，墙体厚度亦逐层收分。大门朝西，楼匾刻“詒燕楼”三字，边款镌“大清乾隆岁次壬申谷旦”，“墨溪”、“子孙”及“攸居”三枚印章（见图 14–18）；楼为单元式，设 14 开间，每间深 6 米，13 户居民每户拥有一栋，楼门边有公用楼梯通达各楼层乃至进入自己的房间；正西一间筑楼门并作楼梯间，楼门外层为平顶、内层为券顶，楼中央是天井，直径 15 米，内置有井。楼外墙完好，楼内木构毁于火灾（见图 14–19）。

图 14–18　詒燕楼

图 14–19　詒燕楼内景

11. 宁远楼

宁远楼位于万安农场古陂村南面山坡上，为石质圆楼，楼径 54 米，楼外墙以条石构筑，现存墙高约 5 米（见图 14–20），楼门东向，楼匾镌“宁远楼”三字（见图 14–21），墙体每隔 2~3 米筑一个瞭望孔。楼墙内留 1.5 米宽的通道，通道内侧建圆形平屋，平均隔成 39 间，正东一间为楼门，西侧一间为祖堂，依山势西高东低。

图 14–20　宁远楼

图 14–21　宁远楼楼门

12. 均和楼（下黄自然村）

均和楼位于赤湖镇下黄自然村，楼建于清初，坐北朝南，为双环带围墙方形土石混建土楼堡（见图 14–22），内楼边长 22 米，底层砌八层条石，以上用三合土夯筑，原

图 14-22 均和楼大门

为三层内通廊式设计，门向南，石构二层，外层平顶，内层券顶，上有匾，现掉落断成两块，刻“均和楼”三字楷书，左款印章两枚：“霞园图书”，“泰□玉谱”（见图 14-23、图 14-24）。楼外 20 米建外墙，依墙建筑已毁，外墙以三合土夯筑，作内外层夹墙，似夹心饼，夹墙中间厚 1.5 米，略低于内外夹墙，全墙厚 2.5 米，墙中可供守卫者行走，外墙正门开于楼门外右侧，左侧设一小边门。现主楼中仅存西北面两间尚作为民居，其余只有 1~3 米高的残墙。

图 14-23 下黄自然村均和楼楼匾左侧

图 14-24 下黄自然村均和楼楼匾右侧

13. 万安楼

万安楼位于赤土乡万安村中，明嘉靖至万历间建。楼呈长方形双环内外楼布局（见图 14-25）。外楼平面宽 59 米、长 70 米，四角凸出一个边长 5 米的角楼，东西两面设楼门，作城门状，城门宽 8 米、深 6 米、突出楼墙体 1 米，门额刻“万安楼”，传“万安楼”三字为林功懋所写，无纪年款。门楼作关帝庙之用。内楼为单元式共 48 间，每间各自独立，各户设楼梯。

图 14-25 万安楼（林俊荣摄）

全楼统一设置木构内通廊，四边角楼由退廊进入，供战时守备之用。楼门外原有 10 米长的砖埕，埕边挖一口水井，5 米宽的护城河绕楼一周，原来用吊桥进出，后改成长石板桥通行。内楼为三合土构筑的四层方形楼，东西长 33 米，南北宽 28 米，同样为内通廊式，平面约 20 间，内楼门设于南侧中间。楼内仅存残墙，楼外墙大部分保存较好。

15. 馪和楼

馪和楼又称天和楼，位于石榴镇山边村南侧，清乾隆十八年（1753 年）许姓族人建。楼为圆形，直径 23 米，面积 415 平方米。外墙以条石为基，由三合土构夯筑，墙厚 0.65 米（见图 14–26）。楼高三层，二层为木结构内向通廊，楼门向西，厚两层，外为平顶，内为券顶，门边设登楼梯道，楼匾书“馪和楼”，边款“清乾隆十八年孟春吉旦”（见图 14–27）。

图 14–26　馪和楼航拍

图 14–27　馪和楼楼匾

16. 济美楼

济美楼俗称陂头楼，位于盘陀镇陂头村（见图 14–28），建于清嘉庆二年（1797 年），为四层通廊式圆土楼，楼径 26 米，高 16 米。外墙底层有五层方石构筑，以上均为三合土筑成，墙厚 1 米，一楼不开窗，二楼、三楼开小窗，四楼开大窗。二层、三层为内通廊，四层为外通廊，楼门上有石楼匾，楼匾上有纪年“嘉庆丁巳年瓜月题”（见图 14–29）。

图 14–28　济美楼航拍

图 14–29　济美楼门匾

17. 阜安楼

阜安楼位于杜浔镇徐坎村东南侧的溪边，建于清乾隆九年（1744 年），为两层长方形，正门朝向东南，每左角均突出一个半圆形角楼。阜安楼面宽 36 米、进深 30 米，外墙厚 1.0 米，墙基砌筑条石，上为三合土夯筑。一层于角楼上开三个楔形射孔，二、三层每间开石构小窗。楼内前后各隔为五间，每间进深 5 米，左右各隔二间。四角留一条曲折的通道通达角楼，通道宽 2 米；东南面明间为门和楼梯间，门框石构，门楣刻“阜安楼”三字，边款落“时乾隆甲子年，孟春谷旦立”。今楼中木结构尽被拆除，内外墙体保存完好。

18. 大安楼

大安楼位于前亭镇文山村官路自然村，清嘉庆七年（1802 年）由许氏族人建造。圆形，平面呈双环样式，外围高两层，内围高三层（见图 14–30）。内围楼直径 27 米，整体为石构，自地面至 3 米高处的墙体以精琢条石不加灰浆精砌，墙体底层厚 1.8 米，往上依层收分，墙顶以条石和石板砌出檐。楼门为双层券顶，楼匾刻“大安楼”，边款“嘉庆壬戌年春”及三个印章（见图 14–31）。20 世纪 60 年代因修水库，村民失去耕地而纷纷搬离大楼，另找居所。今外围楼房只剩两个门框，内楼也只剩一圈石墙。

图 14–30 大安楼

图 14–31 大安楼内楼大门

二、漳浦寨堡

1. 赵家堡

赵家堡位于漳浦县湖西乡硕高山下，为宋代赵氏后裔于明万历二十八年（1600 年）仿照北宋故都汴京城的布局建造（见图 14–32），城堡经过近 20 年建造方才完工。

赵家堡设内外两道城墙，外城是条石砌基的三合土墙，高 6 米，宽 2 米，周长 1082 米。整个城堡设东西南北四个城门，东门为“东方钜障”（见图 14–33），南门为“丹鼎钟祥”，西门为“硕高居胜”，北门没有题额。其中，西门设有瓮城，内立存赵范“硕高筑堡记”碑（见图 14–34）。

赵家堡主体建筑完璧楼为土楼建筑，体现了当时防倭防寇的建筑特色。完璧楼为三层四合式方楼，楼高20米，占地480多平方米，每层16间，共48间。楼门上额匾镌刻“完璧楼”三字，取意“完璧归赵”。

图 14-32 赵家堡航拍

图 14-33 赵家堡东门

图 14-34 赵家堡“硕高筑堡记”碑

2. 诒安堡

诒安堡又称诒安城，位于湖西乡城内村，为清康熙二十六年（1687年）黄姓震倡建（见图14-35）。城墙周长1200米，高6.7米，厚2.2米，平面呈锁形。诒安堡城墙设马道，马道外侧建2米高的女墙，全城开365垛口，取一年365天之数。城内侧每隔50米设登城石阶。城转角处设雕楼，用于瞭望和射击。全城设4个城门，东、南、西门的城楼仿船形建筑，寓意城主黄性震渡海建立的功迹。南门为正门，门匾镌“诒安”，东门为“迎曦”；西门刻“毓秀”；北门刻“春庆”。南门至西门前开凿护城河，河道宽阔，巍峨壮观（见图14-36、图14-37）。

图 14-35 诒安堡航拍

图 14-36 诒安堡城楼

图 14-37 诒安堡内小姐楼

3. **八卦堡**

八卦堡又称东坪堡，位于深土镇东平村，建于清中叶。寨堡由一组五环式的八卦形民居组成，从灶山顶往下俯瞰，整座古堡以圆形土楼为中心，每间隔三米向外扩建一环，总共五环，形似八卦，故又名八卦堡（见图 14-38）。

图 14-38 八卦堡远景

八卦堡建于灶山上一块凹陷的平地上，中间圆土楼直径32米，内设14开间，第四环为八卦卦形布局，有25个房间，第三、第二环和外环也是相似布局。各环之间间隔3米，形成一个环形的天井，也是人们出入的通道。传说当年建造八卦堡时，因为家族人口不多，财力有限，只建了一层就没有继续建造。

4. 霞陵城

霞陵城俗称“下龙城”，位于深土镇示埔村，建于清康熙元年（1662年）（见图14–39）。城北依丹山，南向大海，城外围呈圆形，设有东、南、西三个大门，南城门门匾“迎熏屏翰”，西城门门匾“太白维垣”，东城门门匾因风化难以分辨。城墙基座由条石所筑，最上方夯三合土城剁，城墙高约4米，墙体宽厚，城墙外侧为石构，中间夯土，十分坚固，俗称“墙头可以跑马”，整个城墙周长近300米，今城墙仍然基本保存完整。

图14–39　示埔村霞陵城

5. 大坪城

大坪城又称大棚城，位于南浦乡大坪村，现存东、西、北三门及部分城墙遗迹。大坪城原有吴、陈、林、王、张、叶、蔡等姓氏，大坪徐姓始祖于明初从南靖雁塔迁来，后繁衍成大族。清康熙年间，徐姓为防盗贼，建大坪城。

6. 逢山城

逢山城位于沙西镇逢山村，建于清康乾时期，城设四门，东门为正门，上建有城楼，楼匾镌“逢山怀仁”，东城门边建有主祀陈元光女儿的“柔懿夫人”庙；南门较小，为中型石砌拱门（见图14–40），现依存但门楼已废，南城门旁建有全真玄帝庙；在城东门与南门之间原建有正门，村人称为“大城门”，为巨石砌拱形门，宽、高均一丈余，门上建有城楼。村里新人嫁娶、寿老殡孝皆从大城门出入，北门因临溪而别称“水门”，今残存部分墙体及城门（见图14–41）。

图14–40　逢山城南门

图14–41　逢山城北门

7. 西丹堡

西丹堡位于深土镇西丹村寨子山上，为清嘉庆年间武科进士、御前侍卫林寅登所建。城堡依山形而建，由一座主楼和一组不规则的山寨组成，就地取材，浑然天成（见图 14-42）。寨墙西北面为弧形，东南面呈多角形，平面西北至东南约 55 米，东北至西南约 30 米，墙以石块和三合土砌筑，高低不一，部分根基据自然岩石不加构筑而成。西北角为最高处，设有眺望台，东南角为寨门，为石板构筑，又根据天然形成的山洞设置水门和暗道，通向楼外的崖石中。整个寨堡除了屋顶和木构已毁坏之外，平面结构布局依然清晰可见。

图 14-42 西丹堡航拍 （郭俊山摄）

8. 溪南古城

溪南古城位于绥安镇溪南社，城设五门，今存“朝阳门”，门楼石匾字迹不清（见图 14-43），门口立有清康熙年间重建溪南桥碑，此为旧时通往杜浔古道，西门改塑有毛泽东头像浮雕，城内存柯氏家庙等老建筑。

图 14-43 溪南古城朝阳门

9. 轧内兵营

轧内兵营又称人和楼，位于佛昙镇轧内村北侧山上，约建于明代，兵寨以两座三合土土楼堡和一座山寨组成，主楼堡外墙体不铺石地基，部用三合土加未经烧熟的大牡蛎壳夯筑而成，外墙厚 1.1 米，内墙体也达 1.0 米厚，内隔成宽 2.1 米的长开间，其中前后均隔为三间，每间长达 30 米，左右两侧各隔为四间，每间深亦为 2.1 米，长约 17 米，东侧中部存一天然大石，内隔墙绕过大石，未作隔间。外墙高约 6 米，墙顶上开城垛，垛内与楼顶间留一通道，供守楼者行走。楼顶为内向坡顶，四周设内向木构通廊，楼堡西北角建有一座约 10 平方米的正方形凸出角楼，楼作三层，防御性极强。

楼堡中心建有一座宽 45 米、深 24 米的内楼，楼墙厚 1.1 米，楼高三层。人和楼楼门设于楼东南方位，楼匾刻“人和楼”，现门框及匾均已遗失。楼外东南面相距 50 米处建有一座长约 30 米、宽 8 米的土楼，为人和楼的附属建筑。现主楼及附楼的木结构及楼顶均已被拆除，仅剩多面残墙，楼内外被辟为田地（见图 14–44、图 14–45）。

图 14–44　人和楼北墙

图 14–45　人和楼内部

人和楼正北面的山顶建有一座土石混筑的山寨。寨依山势而建，墙高低不一，最高 3 米，有的则利用石头为墙，不加构筑，全寨东西长 70 米，宽 30 米，呈不规则形。寨门开于南面，为石构平板，又于东面利用石洞开一个隐蔽的小门。山寨与楼的直线距离约 2000 米，与人和楼互为犄角。

10. 人和城

人和城位于湖西乡后溪村，为陈姓族人于明嘉靖三十九年（1560 年）始建，《金溪土城记》石碑概述了城堡建筑的原由及概况。城堡城墙依河道用条石砌筑，厚 0.7 米，中间填土，墙顶用三合土夯筑城垛，平面略成卵形，周长五六百米。在北、东北、西南面开三个城门，其中北门为正门，上有石匾刻“人和”二字（见图 14–46），下款“明嘉靖庚申立”，城门洞深 3 米，宽 2.5 米，上建门楼，今仅剩门洞，两边城墙仅剩二、三米高，其他两门形制相同。

图 14–46　人和城正门

11. 梅月城与梅月堡

梅月城与梅月堡位于佛昙镇上，梅月堡为城内土堡。梅月城建于明嘉靖年间，呈长方形，城门设5门，今城址存残墙（图14–47）。南门位于今半顶尾育才路；东门位于园东与石埕交界的东门兜；北门为水门，在今边防所后面的粮站仓库处；西门位于后店街，1957年因城镇道路改造城门被拆除。

梅月城的东南、西、北三面临水，依溪水自成护城河。梅月城周边还有桥北下坑城顶的鸿境城、莲山康厝土堡（堡墙还在）、下赵的赵小姐梳妆楼（梅月堡）。据明崇祯丙子年（1636年）时任漳浦县事余日新撰写的赵家堡碑文记载："昭代有宪副鸿台（赵范）公者，繇巍甲历，仕为名宦，居乡捐二百金筑梅月城。"赵范于明隆庆年间建梅月堡于城中，万历年间又迁湖西建赵家堡。

梅月堡位于佛昙镇下赵村，楼址跨越漳浦第二中学北围墙内外，为赵范及父赵淑宽建造，俗称梳妆楼，原为赵氏家族女眷居住的主楼。楼为三合土建造，土中加入未经烧熟的海蛎壳，现存残墙两段。

12. 塘边城

塘边城位于赤湖镇塘边村，清初由许氏族人建，城北依丹灶山峰，四周为小丘陵地带，设四个城门，城墙以条石和三合土混筑，墙厚1米，残高约4米，南城墙紧靠一条小溪，为天然的护城河，城门开于西南面，为石构顶，门洞宽2米、深3米，城北侧地势较高，内建有许氏宗祠和庙宇（见图14–48）。

图14–47 梅月堡残墙

图14–48 赤湖镇保安村塘边城

三、府第

蓝廷珍府第位于湖西乡顶坛村新城自然村，为福建水师提督蓝廷珍于清康熙末年始建，雍正五年（1727年）落成（见图14–49、图14–50）。

蓝廷珍，字荆璞，漳浦湖西人，官至南澳总兵、福建水师提督等。清康熙六十年（1721年），蓝廷珍奉命留台，署理提督职务，在当时台湾的治理和建设上颇有功绩。蓝廷珍卒后获赠太子少保，谥襄毅，世袭轻车都尉。

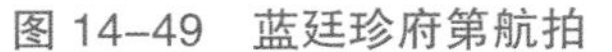

图 14-49　蓝廷珍府第航拍

图 14-50　蓝廷珍府第大门

蓝廷珍府第为城堡式建筑，规模庞大，气势恢宏。建筑坐西向东，布局严谨。建筑沿着中轴线依次有门厅、正堂、后堂、主楼等，后厢与左右厢为护厝，与正堂、后堂、过水廊相连，构成大四合院套小四合院的格局。主楼日接楼为土楼建筑（见图 14-51），楼匾“日接楼”三字由蓝廷珍题写。

图 14-51　蓝廷珍府第内日接楼

四、漳浦山寨

1. 娘仔寨

娘仔寨位于漳浦县城西南约十公里处，属盘陀镇下阮村娘仔寨自然村，与大南坂农场腊山村相邻。相传，唐以前这里就是娘仔妈金精娘娘的营盘，寨址位于一葫芦形较平坦的小台地上，三面是小溪和水田包围着，西面是一座略呈三角形的小山。据当地人说，娘仔寨是鹅穴，东侧的台地是鹅头；东面一略高于水田、现作为小路的小台地即为鹅嘴；寨中心的民居门前还保存着一块卵形的乌黑大石头，是为鹅髻；台地中部狭小的地方仅三四米，是为鹅项；远处三角形的小山即为鹅尾；娘仔寨主体在鹅头。

周长约 300 米，墙体由岩石垒砌，墙中填土，墙宽约 1.5 米。寨依照山势，作不规

图 14-52 娘仔寨

则圆形，西高东低，东、南、北开有寨门，以较规则的条石构筑寨门，现东寨门尚存，寨墙破坏严重，仅存近百米长，残高 3.5 米，其余仅存墙基（见图 14-52）。村寨现住有二百多人口，村民以陈姓为主，村中有娘娘庙。

2. 台山寨

台山寨位于湖西畲族乡台山上，台山最高处海拔 250 米，山峰耸立陡峭，林木苍翠，春天雨季时节经常云雾缭绕山顶，是漳浦一座名山。县志载："（台山）在县东五十里，十七都境内，与太武山连峙。山高数百尺，平坦如台。近视，与诸山齐；海舟中自远望之，则高特出。"①

山寨始建年代不详。山寨分设四门，并且沿山脊垒石墙设立哨岗，集结乡勇日夜操练，整个台山寨固若金汤。现四个城门尚存，条石砌成的山门与城墙非常完整，寨墙厚七八十厘米，全部石砌，峰顶一座近四方形石砌墙体耸立，高约三米（见图 14-53）。寨旁有三米多高的依原岩石凿刻的重兴山寨碑（见图 14-54）。

图 14-53 台山寨寨门（杨志伟摄）

图 14-54 《重兴台山寨记》摩崖石刻（杨志伟摄）

3. 官路寨

官路寨位于前亭镇文山村石人头社官路，与官路大安楼遥相呼应。寨子建于离大安楼约一公里的山头，山顶比较平整，两三百平方米，中间突出一仰头巨石，周围依山势和乱石垒建寨墙，寨设二门（见图 14-55）。在前亭几乎每个山头都有一个寨，如

① （清）陈汝咸主修，林祥瑞校注：《漳浦县志》校注本，福建省漳浦县地方志编纂委员会整理，2011 年，第 11 页。

大支寨，牛港寨，石人头社官路寨等。每个山头都是大小石铺满，因势因材施建的山寨，为易守难攻的堡垒。

图 14-55　前亭镇文山官路寨寨门

4. 天鹅寨

天鹅寨位于漳浦与龙海分界处赤兰溪与石过坡两个水库之间一处险峻的高山上，山下东南二面属漳浦马坪仙都村，西北二面属龙海。城墙高度有四五米高，厚度有二三米，顺着不规则的山脊筑成，墙体大部份建在天然大石头上，地势险峻（见图 14-56）。西侧一面与其他小山相连，另外三面下方是深深的峡谷，有一夫当关，万夫莫开之势。

山寨开有两个城门，前大门已废，大门左边有个天然大石洞，面积有 30 多平方米，开有二处出口，一处紧临山寨大门，一处通往后山，是个绝佳的避难场所。寨内杂草丛生，在后山开有一个小门，外宽约二尺，内宽有四五尺，高度约七尺，门外下坡不远处就是一段山脊与其他山峰相连。整个山寨面积有三四十亩。

图 14-56　前亭镇文山天鹅寨部分墙体（杨志伟摄）

第十五章　云霄县土楼与寨堡

云霄地处漳州东南，为闽粤交通要冲，是漳州建置初始地。相传，早在唐总章年间，陈政、陈元光父子率兵进入泉潮间平叛“啸乱”，当时曾驻守于云霄火田一带开屯建堡。唐垂拱二年（686年）漳州建置，治所设于云霄西林。云霄地界历史上归属过揭阳、绥安、怀恩、漳浦、平和等县，在历史文化及建筑风格上兼受潮汕、客家、闽南等文化的影响。清嘉庆三年（1798年），析漳浦、平和、诏安三县地置云霄抚民厅，驻同知。1913年，改云霄抚民厅为云霄县。截至2021年11月，云霄县下辖9个乡镇、162个村、38个社区居委会（含常山华侨经济开发区），6个镇分别为云陵镇、列屿镇、东厦镇、火田镇、莆美镇、陈岱镇，3个乡分别为马铺乡、下河乡、和平乡，另外管辖和平农场、圆岭林场、常山华侨农场及云陵工业开发区，其中常山华侨农场由常山华侨经济开发区管辖。[①]

云霄县地势从西北向南倾斜，东北、西部以及西南部边沿均为山地，东以梁山山脉的梁山、鸡笼石山与漳浦县为界，东南至八尺门海堤中心点与东山县为界，南以竹港村墓山、半径自然村剪刀岭尖和乌山、西山源与诏安县为界，北以背虎山、白石崇山、笔架山、大帽山与平和县为界，中部至东南部为沿海平原，东部有漳江入海口，海岸线长48千米，海域面积106.7平方千米。漳江是云霄境内最大河流，发源于平和博平岭山脉大峰山，流经云霄全境，全长66.2千米。云霄土楼从山区到沿海都有分布，山区土楼更多一些，主要分布于下河、马铺、和平等乡镇。其中，下河乡土楼最多，且大多保护较好，有内龙陶淑楼、外龙土楼、车圩燕翼楼、红星楼、杨美楼、后山槑福楼、坡兜半月楼、下洞土楼、梅林土楼、龙透洞仔土楼、世坂土楼、新坡四方楼等，城堡有下河城堡、坡兜城堡等。

火田镇是漳州文明的发祥地，兼有山地和平原，城堡有菜埔堡、岳坑城、西林郡衙旧址等；土楼建筑多为方型楼，较有名的土楼有溪口景阳楼、四方楼、静安楼、高地土楼、白石土楼以及瓦坑后门曙阳楼等。[②]沿海及漳江中下游城堡多见。云霄土楼与寨堡有近百座，大多建于明清时期，圆楼多于方楼，多为普通单元式夯土建筑。

① 《行政区划》，漳州云霄县人民政府，http://www.yunxiao.gov.cn/cms/html/yxxrmzf/xzqh/index.html，2021年11月16日。

② 陈健峰：《养在深闺人未知——探秘云霄原生态土楼》，https://mp.weixin.qq.com/s/nI6H4MtAWIGpoK84hhiYpA。

云霄是东南沿海地区城堡分布较多的地方，如今依然保存较好的还有近十座。城堡多建于明代，大多残破只剩门楼，沿海乡村大型村落几乎都有城堡遗迹，保存较完整的为菜埔堡。云霄城堡有的紧邻河边，以溪水自成护城河，有的位于山顶，依山势据险建堡，总体上呈现出布局各异、造型多样的特点。历经几百年沧桑，这些用石头、生土、夯筑或垒砌的城堡，有的依然坚固，城内仍然居住人家，成为一种"活着"的古城，而有的则伤痕累累，城墙皆毁，仅存城门。

历史上云霄土楼与寨堡的兴建不得不提及林偕春等本土乡绅。林偕春（1537~1604年），字孚元，号警庸，晚年自号云山居士，明嘉靖十六年（1537年）出生于云霄县（明属漳浦县）葭洲村，现称佳洲，嘉靖四十四年（1565年）赐乙丑科进士，明隆庆二年（1568年）被遴选翰林。，他在《条上弭盗方略》中提出了择守令、明乡约、行保甲、筑土堡、练乡兵、责将领、严抚捕七项措施以解决山寇、海寇问题。[①] 明初虽设置了卫所和水寨等海防系统，但"顾久而浸懈，渐以无存，其存者则又苟且虚名，全无实用"[②]。面对日益猖獗的倭寇土匪，林偕春积极倡导民间修筑寨堡以自卫，并在他的家乡佳洲村督建前墩、黄墩、郭墩和后墩四座墩城组成的城堡群，带动了周边地区兴建城堡防倭寇匪患。

一、云霄土楼

1. 四方楼

四方楼又称四角楼，位于火田镇溪口村，建于清代，为方形，高三层，三合土夯筑。四角楼具有雄伟壮观、设计巧妙、防御坚固的特点。门匾上书"颖川衍楼"四字，表明此楼为陈氏衍派。

溪口为福建省传统古村落，这里原为漳江上下游航运枢纽。四方楼位于村中央，外围还保留有九间楼、景阳楼、麟游鹊起大厝等古建筑，错落有致分布于村中各角落（见图15-1）。当地有"有溪口厝无溪口富，有溪口富无溪口厝"的说法。

图 15-1　溪口村四角楼

① 颜钲烽：《明代闽南士绅林偕春的兵防思想》，《开封教育学院学报》2019年第12期。
② 薛凝度、吴文林：《云霄厅志》（嘉庆版），铅字重印本。

2. 树滋楼

树滋楼位于和平乡宜谷径村，为村中高氏先人高文杰建于清乾隆五十四年（1789年）。

图 15–2 树滋楼航拍

树滋楼为通廊式与单元式相结合的圆形土楼，单环，三层，直径约50米（见图15–2至图15–4），楼高14.36米，楼前设风水池。楼内共28开间，每单元自备楼梯上下，第二、第三层又设内通廊，公共楼梯设在门厅。这种单元与通廊结合的土楼在云霄县少见。楼正门朝北，门额书“树滋楼”，边款“乾隆乙酉年吉日建”“发宁”并有三枚印章，门楹联“敦诗说礼颐愿邹鲁之良，凿井耕田长享盛平之福”。

树滋楼一楼及墙基由花岗岩块石与三合土混砌，无开窗，二、三楼为三合土夯筑，一楼每单元设射击孔，墙厚1.46米；二楼开小竖格窗，墙厚1.12米；三楼开方窗，墙厚0.72米，整体防御性较强。2009年，该楼被列入省级文物保护单位。

图 15–3 树滋楼大门

图 15–4 树滋楼内景

3. 龙盘楼

龙盘楼位于东厦镇竹塔村，明万历年间乡贤廖龙盘建，为三层方形土楼，楼基为条石，楼墙为三合土夯筑，面积达1000平方米。土楼构造讲究，楼墙中设通水管道，供水源头隐蔽于山涧秘密处，大门为铁砂木做成，整个土楼的防火，防盗设施设计慎密。今楼体已毁，墙基仍存。

4. 司徒世家楼

司徒世家楼又称吴原故居，位于云霄县火田镇下楼村下楼494号。始建于明弘治年间，土楼坐东北朝西南，高二层，正面两侧设有凸出的角楼，平面近似马蹄形。土楼大门石匾镌“司徒世家”四字（见图15–5）。楼内正中为祠堂，原面阔三间，进深三间，今剩下后进的大厅，硬山顶，抬梁穿斗式木构建筑，具有明代风貌。大厅内柱础雕刻有祥鹤、天马、麒麟等图案，十分精美。2015 年 10 月，司徒世家列为云霄县第六批县级文物保护单位。

吴原（1431–1495 年）字道本，号云坡居士，云霄人。明天顺八年（1464 年）进士，官至正议大夫、资治尹、户部左侍郎兼都察院右佥都御史。

图 15–5　司徒世家楼正门

5. 景阳楼

景阳楼位于火田镇溪口村，为溪口黄氏二世祖黄志宪建于清乾隆年间，楼坐北向南，背山面水，依山势建于一山坡顶，俗称“山顶”。楼高三层，呈马蹄形，依地势前低后高，错落抬升。景阳楼为单元式与通廊式混合式土楼，二楼设公共楼梯和通廊，三楼无通廊，全楼共 69 间房，占地面积 1292 平方米，总体规模宏大（见图 15–6）。楼内中庭为祖祠绍保堂，楼前有宽大前埕，并设照壁，楼前墙左右两侧凸出角楼，并设射击孔和瞭望窗，一楼环楼一圈每隔五六米设一射击孔，三楼设瞭望窗，一楼墙厚 0.8 米，夯土墙为三合土中间夹大石块，坚固无比，大门上方设水槽，总体防御性很强（见图 15–7、图 15–8）。

图 15–6　景阳楼航拍

图 15–7　景阳楼内景

图 15–8　景阳楼大门

6. 聚星楼

聚星楼位于陈岱镇岱东村（见图 15-9、图 15-10），始建于清乾隆三十四年（1769 年），由当地陈氏族人陈廷谟为防御盗寇侵袭鸠族合建，耗时 18 年建成。聚星楼为单元式与通廊式相结合的三层圆形土楼，与和平乡宜谷径的树滋楼为“师徒楼”，两楼的建筑风格相似。楼直径 61.4 米，高 14.3 米，外墙周长 193 米，占地面积 3330 平方米，共 32 单元 96 间房，每单元一层均设前堂后厅，中有天井，各单元天井相通，形成一圈环道。二三楼均设公共通廊，并在大门厅和庙厅各设公共楼梯上通廊，而各单元内又内设有楼梯上下二三楼，是云霄土楼中比较特别的一座，可惜在 1939 年楼遭日本飞机轰炸，西南角炸塌 45 间，其余无损。现今楼内坍塌无重修，部分单元修缮为公益学习场所。

聚星楼一层外墙为花岗岩块石垒砌，墙厚 1.2 米，二层以上为三合土夯筑。一层每单元各设一射击孔，外小内大呈漏斗状，可作传声洞、枪眼和采光；二层设狭长条石窗；三层各室均辟一长方形窗户，屋顶为双坡硬山顶。楼石匾上镌楷书“聚星楼”，左右分镌“乾隆己丑年秋吉旦”、“松斋丹心书”字样，门上方设消防槽孔以防火攻大门，总体防御性较强。楼匾题写者陈丹心，字荩臣，号松斋，诏安深桥镇溪南村人，乾隆 19 年（1754 年）登甲戌科进士。

图 15-9 陈岱聚星楼（林汉荣摄影）

图 15-10 聚星楼内景

7. 陶淑楼

陶淑楼位于下河乡内龙村，建于清乾隆年间，为圆形夯土楼（见图 15-11）。土楼直径约 46 米，内院直径约 27 米，高约 6.5 米，外墙厚约 1 米；外墙一层开矮门，二、三层开小窗；主楼设 30 开间，两侧楼围共有 18 开间。

陶淑楼由当地林氏族人所建，陶淑意为“陶冶使之美好”。清代陈确《大学辨三·答张考夫书》有记载：“程子陶淑多贤，可为极盛。”

8. 燕翼楼

燕翼楼位于下河乡车圩村，为圆形三层单元式土楼，除下门厅和正厅之外共 20 个单元，直径约 50 米，内有多户居民居住，楼外围有半圈护楼，门口有活水风水池（见图 15-12、图 15-13）。有的三楼墙外开门，设有木廊道。

图 15-11 下河内龙陶淑楼

图 15-12 车圩燕翼楼

图 15-13 车圩燕翼楼内景

9. 杨美楼

杨美楼位于下河乡车圩村，约建于清初，为车圩最老土楼。杨美楼为三层圆形单元式土楼，环楼一周有鹅卵石铺就的檐下走廊及排水沟，墙基约有五十厘米为鹅卵石垒筑，以上全为夯土版筑，墙体有修补痕迹，楼内约 1/3 楼体坍塌（见图 15-14、图 15-15）。三层外墙设木廊道，外圈有半圈两层护楼。

图 15-14 杨美楼外墙

图 15-15 杨美楼内景

图 15-16 红星楼大门

10. 红星楼

红星楼也叫上陂楼，位于下河乡车圩村上陂，为张氏聚居的两层圆形单元式土楼，门楼（见图 15-16）及正厅为翻新重建，内部多个单元被改建成现代楼房。

11. 宅兜李氏楼

宅兜李氏楼位于下河乡车圩宅兜，建于一个山坡上，为三层椭圆形单元式土楼，设有三门，其中一个门被重修成现代楼房，正门门匾处悬狮咬剑及八卦图紫微星辟邪镶石，正对面内中心为李氏宗祠，门口有一个风水池（见图 15-17、图 15-18）。楼内部残破不堪，已倾塌过半，今无人居住。

图 15-17 宅兜李氏楼

图 15-18 宅兜李氏楼咬剑狮

12. 霞洞楼

霞洞楼位于下河乡下洞村，为三层方形单元式土楼，分南北二门，门楼被重修成现代楼房，楼体只剩一侧残楼，楼中心为重修的黄氏宗祠（见图 15-19）。

13. 东园楼

东园楼位于下河乡上河村，为方形两层单元式土楼，约建于清中后期，一层为土石混筑，二层夯土筑成，四角高出半层，屋檐出挑约一米。该楼为方氏聚居角落（见图 15-20）。

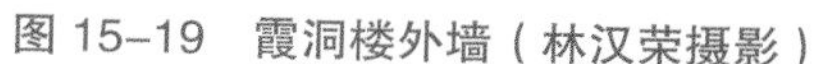

图 15-19　霞洞楼外墙（林汉荣摄影）

图 15-20　东园楼航拍

14. 庆昌楼

庆昌楼位于下河乡上河村，与东园楼相距几十米而已，格局也类似，为方氏族人住居不下而后期另建的土楼（见图 15-21、图 15-22）。

图 15-21　庆昌楼航拍

图 15-22　庆昌楼大门

15. 赐福楼

赐福楼位于下河乡外龙村，建于明代，是难得的现存完整的时代土楼。楼坐东北朝西南，属四合院式方形楼，高 11 米，宽 39 米，深 35 米，占地约 1400 平方米（见图 15-23、图 15-24）。土楼由河卵石铺砌，楼墙为生土夯筑，楼内共 3 层计 28 个单元。各单元筑木梯连通上下，造型古朴。

图 15-23　赐福楼

图 15-24　赐福楼大门

图 15-25 曙阳楼

16. 曙阳楼

曙阳楼位于火田镇瓦坑村后门自然村，建于明末，至今已有400多年历史。曙阳楼坐西北向东南，为方形三层夯土楼，楼长宽各约28米，平面建筑面积约780平方米，楼前有大埕，土楼四周楼墙尚存，屋顶瓦片已毁，楼门匾镌刻“曙阳楼”三字。土楼外墙布有瞭望窗和铳眼（见图15-25）。

后门村为林氏村落，旧时这里是漳潮官道的必经之地，相传，1927年东路军与北洋军在此发生战斗，曙阳楼在两军的战火中被毁坏，此后就没有再修复。今楼前大埕两对石旗杆，彰显过往楼内林氏的荣耀。

图 15-26 恒升楼航拍（林汉荣摄）

17. 恒升楼

恒升楼位于火田镇瓦坑大湖自然村，为圆形双圈土楼（见图15-26）。恒升楼建于一座小山包上，内外围通体以棱形花岗块石砌成，内围10间，外围18间，大门门额镌“恒升楼”三个大字（见图15-27）。

图 15-27 恒升楼大门（林汉荣摄）

18. 割藤埔土楼

割藤埔土楼位于和平乡安吉村，该楼因形似马蹄状也称为马蹄楼（见图 15-28）。该楼设 23 开间，目前还居住有多户吴姓人家。居住在割藤埔土楼的以吴姓为主，200 多年前下河乡梅林村银坑自然村吴氏开基至此。

图 15-28　割藤埔土楼

19. 下城楼

下城楼位于马铺乡宝石村下城自然村，建于 1938 年，楼坐西北向东南，平面呈半圆形，前有一半月形池塘，占地面积约 3000 平方米（见图 15-29）。前直排为二层单元式共 10 个单元，后弧形为三层单元式土楼，共 20 个单元，楼左右设凸出角楼，三层，设瞭望口、射击孔，具有较强的防御性（见图 15-30）。内大埕为鹅卵石铺就，左侧方有一四角形水井。大门厅二楼为庙堂，主祀关公。

图 15-29　云霄马铺下城楼航拍

图 15-30　云霄马铺下城楼角楼

20. 乐善楼

乐善楼位于马铺乡杨美村中楼自然村，始建于清代中期，占地面积约1200平方米。为三层圆形单元式土楼（见图15-31），每层22间，共66间。楼为何氏第十五世祖何跋群所建，楼中厅为祖祠，供奉何跋群的神主牌位，楼厅架梁及窗户稍做木雕修饰。三楼设外通廊，环楼通达。楼门额书“乐善楼”三字，门厅三楼设瞭望台，大门开于中厅左向，中厅和门厅不相对，这在闽南土楼中极少见（见图15-32）。

图15-31 云霄马铺乐善楼

图15-32 云霄马铺乐善楼内景

二、云霄寨堡与城堡

1. 西林古府衙

西林古府衙位于火田镇西林村，传为旧府衙建筑，为三开间，两侧为厢房。府衙墙基为石砌，上方为壳灰、溪砂、黏土混合的三合土夯筑，占地面积约1200平方米（见图15-33）。传漳州故城分布于下楼至菜埔村的临江狭长地带，旧府衙位于唐漳州故城内城周长约4千米，总面积约1.5平方千米。城南临漳江地段有古渡口等古迹遗存。

图15-33　西林古府衙土堡

2. 云霄镇城

云霄镇城位于云霄城关云陵镇下港社区和大园社区之间。据载，云霄于明朝中叶建有城堡，清顺治十八年（1661年），清廷下令沿海迁界，切断大陆与郑成功联系，云霄自河口（今高塘村）东南以外为界外，筑垣为界。咸丰七年（1857年）云霄抚民厅同知段喆重建云霄城，城设有东、西、南、北四个城门，建筑规模宏大。城外围环筑土堡，形成城外城的防御格局。

图15-34　“雄镇漳南”城楼

云霄镇城自东门外起沿城经水月楼、田仔乾、经堂口、沈厝埕、楼仔脚至西门寨止，将城外住宅与贸易区域环护起来。今尚残存南边中秋脚城楼、望安山炮楼(角楼)及部分残墙等遗址。

中秋脚城楼，又称大门楼，云陵镇云东路下港街，城匾镌“雄镇漳南”四字，边款“咸丰七年岁次丁巳孟秋穀旦”落款“加知府衔漳州云霄抚民厅同知段喆兴建”（见图15-34）。

望安山炮楼，为云霄镇城的角楼，位于今云霄一中望安山后山校友公园，角楼为云霄镇城的最高点，平面近方形，面阔10米，进深8米，残高5.2米，由三合土筑成，四角存有角柱痕迹，左右各连接一段残墙（见图15-35）。

图15-35　望安山炮楼遗址

图 15-36 龙兴古城航拍

3. 龙兴古城

龙兴古城位于下河乡外龙村，相传始建于宋代，明清时重修，为当地林氏为防御匪盗所建。龙兴古城建于村中小山坡上，从空中俯瞰，城堡平面呈花生形状，城堡周长约700米，城高约7米，共设有4个城门（图15-36）。今城内建筑格局基本保存，但多数建筑已无人居住。

外龙村旧称龙兴村，龙兴古城建成后，又形成“城顶”及“城下”的地名，“城顶”与“城下”两角落合称为“龙坑”，龙坑为林姓大村，属晋安林派下，为云霄林琼公后裔村落。今城内存龙坑林家祠堂“世承堂”，宗祠建于明永乐年间，每年农历正月十六，龙兴“五社十三村”要在这里举行“办丁”祭祖仪式，是龙兴城极为隆重的一项民俗活动。

4. 阳霞城

阳霞城位于莆美镇阳霞村，建于元至正年间，由云阳方氏第五世、第六世族人合力建造。城堡平面呈长方形，边角为椭圆状，城基下方由条石垒砌，上面为三合土夯筑，城墙高约6米，城墙上置城垛；整个城堡辟有大小城门共8个，南门称“协恭”、北门为“拱辰”、东门为“若华”、西门为“韶镛”，四门左侧各辟一个水门；城外东、北、西三面有阳霞溪港道环绕（见图15-37）。

图 15-37 阳霞城

阳霞城正面朝南，前方视野宽阔，南面协恭门上设城楼，城门上镶嵌剪瓷雕“狮头啣宝剑”避邪图，城门楼阁内祭祀有春秋时期晋国人介子推神像，当地相传介子推是阳霞城守护神。城门两侧朝外楹联为："受封王以锡爵，巍巍然英灵不朽；忘禄位而归山，焕焕乎奕世长存。"城楼上神龛楹联有"绵山打虎将，晋国隐士风"，以及"十九载随君，郤禄以昭忠烈；千万年奉母，居林而竭孝亲"。今城内存云霞书院、方氏祠堂等古建筑，北门存道光重修城垣碑记。

5. **莆美堡**

莆美堡位于莆美镇莆美村，始建于明弘治十八年（1505 年），由莆美三世祖张举元率族人以及胡、吕、游、杨四姓村民兴建。

莆美堡在云霄城南面两公里处，依山势而建，与云霄城成犄角之势。莆美堡周长约 1.65 千米，呈不规则椭圆形状，城墙由石块及三合土垒筑，高约 4 米，城墙上设有跑马道。全域设 8 个城门，东门名朝阳门（见图 15–38、图 15–39），南门为迎薰门，西门为迎龙门，北门为拱辰门（见图 15–40），以及 4 个水门，8 个城门均设城楼，城楼边置炮楼。

图 15–38　莆美堡朝阳门

图 15–39　莆美堡朝阳门门匾

莆美堡环城辟有壕沟绕护，城墙脚共设 14 个涵洞，作为城内向外排水之用。沿城墙外壕沟宽 10 米以上，古时积土分隔为塘，分隔后有 11 个池塘，战时则连塘为濠。西门外从山坑到城内有一条暗沟，昼夜水流不息，蓄于城内大水池。古时，二更关闭全部城门，禁止出入。4 个大城门分别由人专管，如有人要出入，问清楚后，方提拉铁链开启城门。堡内有专人打更报时，走马道有专人整夜巡逻，五更后才开启 8 个城门。

图 15–40　莆美堡北门

莆美堡街巷民宅布局合理有序，肌理结构犹存，至今仍是村民生产生活的重要活动场所。莆美堡北边建英济宫，奉祀协助戚继光抗倭破敌有功的英济夫人，东边置怡怡堂、致思堂、诒谷堂、世泽堂四座明代祠堂。早在明清之际，莆美堡就被顾炎武收入在其所著《天下郡国利病书》中，作为城防典范。今莆美堡为福建省级文物保护单位。

6. **菜埔堡**

菜埔堡位于火田镇菜埔村，明天启三年（1623年）由进士张士良倡建，天启五年（1625年）建成（见图15-41）。城堡呈椭圆形，周长约600米，城墙三合土夯筑，高4米至10米不等，最高为3层，外墙基厚0.7米，内墙厚0.4米，内侧辟走马道。城堡设东西南北4个城门，各城门边角突出设有角楼或瓮城，上设城垛、枪眼和瞭望窗，城墙外围引漳江水环绕为护城河，宽达10米，各门有吊桥进出（见图15-42）。

图15-41 菜埔堡航拍（郭俊山摄）

北门额题篆书“拱极门”，北门外立有“贞德垂芳”牌坊（见图15-43），为褒扬楼主张士良祖母朱氏守寡奉姑抚子贞德。东门附设瓮城。各堡门内置土地庙或城隍庙，堡内存有张士良府第、祠堂等古建筑，小巷楼宅相望，鳞次栉比。历史上菜埔堡抵御过倭寇、流寇、太平军等多次侵扰，至今雄风犹存，是漳州具有代表性的防御性乡土建筑。今菜埔堡被列为福建省文物保护单位。

图15-42 菜埔堡城墙

图15-43 菜埔堡北门

7. **下河城**

下河城位于下河乡下河村，始建于明天启二年（1622年），历经13年方才建成（见图15-44）。城周长约2000米，筑有城垛和马面，城高6米，厚0.6米，三合土混砌。城内外有路环围，城内街巷纵横，房屋密集。城堡南面为利用漳江天然河道绕河而筑成，东面依山。古城设6个城门，正门朝南，名“迎熏门”（见图15-45），还有“天枢门”（下北门）、“朝阳门”（东门）、顶北门、“怀龙门”（西门）、水门，各城门立有土地庙，城内存孝思堂、永思堂、兆思堂等大小祠堂近十座及万华楼、土地庙等古建筑。

图15-44　下河城远景

图15-45　下河城迎薰门

下河为蔡氏的聚居地，明永乐十八年（1420年），下河一世祖蔡稼叟（讳文、字玄斌）自平和小溪来此开基，明天启元年（1621年）蔡思充上疏准奏，于次年开始营建下河城。旧时下河是漳江的一处重要停泊口岸，商业繁华，沿岸有“梅仔树运屯盐”“港口中转站”“下美圩”“南塘货栈”“盐馆”，以及“下河圩市”等历史遗迹。下河村庙霞美庙，位于城外河口处，建于明嘉靖二十三年（1544年），内有清乾隆时期蔡新所留墨宝。每年的农历五月，下河村都要在漳江举行端午赛龙舟活动，参赛队伍有周边村社几十支龙舟队，比赛精彩，前后历时十几天。

8. 坡兜楼堡

坡兜楼堡又称钟灵楼，位于下河乡坡兜村，为畲族钟姓聚落村庄。楼堡据山而建，设两个门，为小型城堡。新修钟灵门（见图15-46）、毓秀门，旧迹仅剩残墙基。山顶有重修的钟氏宗祠及主祀钟馗的崇耀府。

图15-46　钟灵楼楼门

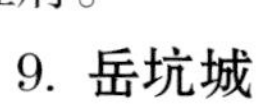

9. 岳坑城

岳坑城位于火田镇岳坑村（又称鄂坑、鹤坑），建于明代。内设五个城门，东门名

“寅日”，西门为“正丰”，南门为“岳阳”（见图 15-47），北门为“瑶光”（见图 15-48），以及一个水门（见图 15-49）。城墙由条石砌筑，宏伟严实，南边还有护城河。今城内存关帝庙、朱氏崇本堂等古建筑。

图 15-47 岳坑城南门

图 15-48 岳坑城北门

图 15-49 岳坑城水门

岳坑城以朱氏为大姓，明永乐年间，云霄朱氏第四世祖临养公（孟育公）从溪坪罗山移居岳坑，为岳坑朱氏开基祖。明清时期，岳坑朱氏人才辈出，登科仕第者众多，清乾隆年间，岳坑朱氏繁衍发展达到鼎盛。清同治四年（1865年）五月间，南下太平军据于岳坑城抗击清兵，在此进行激烈的战斗，岳坑众多建筑毁于此役。

10. 葭洲城堡群

葭洲城堡群，位于东厦镇佳洲村，由佳洲村的前墩、黄墩、郭墩和后墩四个自然村组成，后墩居中。四村古时分建有五座城堡，构成村落间集体防御布局（见图 15-50、图 15-51）。

图 15-50　郭墩堡内景

图 15-51　郭墩堡西城门

郭墩城，建于明代，城周长约 540 米，原有东西南北四个城门，正门为东门啟明门，西门城楼上供奉伯公，北门城楼为开漳圣王庙及土地庙，城外原设有壕沟环绕全城。云霄杰出历史人物林偕春就出生在郭墩城，林偕春为官刚直、清廉，爱乡、爱民，深受百姓爱戴，人称林太师。城中出土有明崇祯甲申年（1644 年）“新廓承眷”匾，匾长 1.2 米、宽 0.39 米，传为林楷春故居匾。城内还存有祭祀林偕春的林太师祠堂，以及明崇祯年间（1628~1644 年）探花林釬所书的“海国乔宗”石匾等文物。

图 15-52　前墩堡大成门（南门）

前墩堡，建于明后期，正门朝向西南（见图 15-52），西面辟小门，平时从东门出入。城周长 335 米，北与后墩隔壕沟沿东南绕河至西，西北与西谢寨以厝附廓。原城墙部分残存，西小门边有伯公庙，长年香火不断，庙联为“白发知公老，黄金赐福人。”长年香火不断。现城内居住有吴、谢两姓。

后墩堡，正门为北门，三面壕沟，村庄东西各有石板桥，村民原从北门和东西石桥出入，今堡内建筑多已毁。

黄墩堡，建于明后期，城周长 320 米，城墙以三合土夯筑为主，墙上设有跑马道，绕城外墙脚有 270 米长濠沟，城原设四门（见图 15-53、图 15-54）。现存东、西（见图 15-55）、南（见图 15-56）三门，北门残缺。城门北隅有棵 300 年多年古榕树，树根缠绕城堡墙体，至今长势旺盛。西门有伯公庙，占地 20 平方米，庙联为“处处皆我地，人人是我孙”，祀土地神像，并祀五谷王、玄天上帝。

西谢寨，为方形，周长 160 米，设南北门进出，南边以城墙为主，现改为房屋，东与前墩相邻，以厝附城廊，北与后墩隔着壕沟，西边以房屋作城墙，今仍有部分城墙尚存。[①]

图 15-53　黄墩堡航拍

图 15-54　黄墩堡与西谢寨航拍

图 15-55　黄墩堡西门

图 15-56　黄墩堡南门

11. 竹港城堡

竹港城堡位于陈岱镇竹港村，城堡设东门、南门、北门，今仅剩东门、北门两个城门（见图 15-57、图 15-58），村中门牌仍以东门、南门、北门标示，三个城门都存有土地庙，竹港城堡奇特之处是每个城门口还立有一方石佛公。三合土城墙仅残存一小段，总体上把古村落范围包括在内，城内街巷依稀可辨，古民居分布紧凑。

图 15-57　竹港城堡东门

图 15-58　竹港城堡北门

① 方四少提供资料。

12. 顶城、城内城

位于列屿镇列屿片区中部，顶城建于一平缓的山坡，可俯视周边各村落，故名“顶城”。顶城东西距 360 米，南北距 340 米，面积约 12.24 万平方米。今存四个城门，东门为“迎日门”（图 15–59），南门“来薰门”，西门“近龙门”，北门为“拱极门”，四门门匾均存。顶城东面连城外村，西与林坪村接壤，南与山前村为邻，北与城内、宅坂两村毗邻。城内存贻谷堂汤氏祠堂等历史遗迹，城外护城河尚存。

顶城北面城内村原有完整的城堡，历经改建损毁严重，今存五处城门（图 15–60），入城门处存太师公庙、慈济庙、城隍庙、姑婆妈庙等建筑，城门无匾，城内有汤、方、张林、朱、胡、叶等姓氏，其中汤姓为大姓。

图 15–59　顶城迎日门

图 15–60　列屿城内北门（罗耀晟供图）

13. 前涂堡

前涂堡位于莆美镇前涂村，原为土堡。明嘉靖三十七年（1558 年）为防倭寇扰乱，城墙改为石砌。城堡周长 2 公里多，墙厚 80 厘米，高 3.8 米。城堡原设四个城门，各宽 1.6 米，高 2.4 米。南门门额镌刻“云山守固”（图 15–61），西门额书“云龙西见”，传为云霄明代先贤林偕春墨迹。南、东、北有护城河，今存遗址。

图 15–61　前涂堡南门

第十六章　东山县寨堡与城堡

东山位于漳州东南角，是全国第六、福建省第二大海岛县，其东邻台湾海峡，西面是诏安县，南濒南海与广东潮汕相望，西北面是云霄县，东北面是漳浦县，东距澎湖98海里，距高雄110海里，东山岛四面环海，海域达26300平方千米，陆地面积仅248.34平方千米。

截至2020年，东山县常住人口近22万人，下辖7个镇，即西埔镇、杏陈镇、陈城镇、康美镇、樟塘镇、前楼镇、铜陵镇，共61个村、19个社区。东山岛历史上归属过漳浦、诏安、镇海卫管辖。明洪武二十年（1387年）东山置铜山守御千户所，归镇海卫领管。清雍正十三年（1735年）废铜山千户所，辖境归诏安县，东山结束两属历史。1916年，从诏安、漳浦分析诸岛成立东山县，是漳州较晚设立的县市之一。

东山县自然和人文资源丰富，拥有国家健康型海水浴场、中国南部一流的旅游沙滩，海岸线长达162千米，马銮湾、金銮湾等十多个月牙形海湾相连，绵延30多千米；东门屿等66个离岛岛屿星罗棋布，各具特色，拥有中国优秀旅游县、全国十大美丽海岛第一名、最美特色旅游小城、中国候鸟旅居小城、首批福建摄影目的地等荣誉称号。同时，东山的历史文化丰富多彩，这里是理学家黄道周的出生地，是戚继光抗倭扎寨的练兵地也是郑成功屯兵抗清的重要阵地。诸多的历史积淀都离不开东山作为军防重镇的历史背景，也因此留下诸多与之相关的防御性建筑。

历史上因为迁界、战争等原因，东山的军防古城大都剩遗址或不复存在，如西埔镇官路尾村后山的金石巡检司城址、陈城镇岐下村的洪淡巡检司城址、康美镇东沈村东边的赤山巡检司城址、杏陈镇后林村的八尺门城堡等。在东山小小的岛上，历史上竟然设有四五座巡检司城，足见其在海防兵防位置上的重要性，有些巡检司撤销或废弃后所遗城堡慢慢演变成民居城堡。民间村落间多仿官方城池兴建土城土堡，东山古代防御性建筑多为城堡性质，几乎不见土楼建筑，除下官方卫所城堡、水寨之外，民间古城堡也保存多座。

一、金石巡检司城堡

金石巡检司城堡位于西埔镇官路尾村后山。据《八闽通志》载，明洪武二十年（1387 年），龙岩县聚贤里的巡检司迁至漳浦县五都，即今东山官路尾村。城长 383 米、宽 3 米、高 5 米，辟东、西、南门。明嘉靖三十七年（1558 年），知府卢璧主持重修。明隆庆六年（1572 年），漳州知府罗青霄主持重修，后废。现存城基、墙石、古井等。

二、赤山巡检司城堡

赤山巡检司城堡在今康美镇东沈村东，又名寨山。据《八闽通志》载，明洪武二十年（1387 年），南靖县埔平定南寨巡检司迁至漳浦县南五都上西社（今东沈村附近），辟东、西、南三门。明正德十五年（1520 年）巡检司又迁于漳潮分界的诏安分水关。城废，遗址尚存。

三、洪淡巡检司城堡

洪淡巡检司城堡在今陈城镇岐下村。据《八闽通志》载，明洪武二十年（1387 年），原设于诏安四都沔州的巡检司，后迁至五都北浦（今岐下村附近）。城为三合土结构，据《八闽通志・地理》载："周围 115 丈，阔 8 尺，高 1 丈 5 尺，东西辟二门。"明嘉靖二十七年（1548 年），知府卢璧主持重修。明隆庆六年（1572 年）知府罗青霄又主持重修，现存部分残墙，为县级文物保护单位。

四、八尺门城堡

八尺门城堡位于东山县后林村八尺门古渡口。明洪武二十六年（1393 年）设陈坪渡把截所时建，并筑烟墩炮台以防倭寇。明末，郑成功驻兵铜山时，派员筑堡屯戍。面积约 10000 平方米，三合土夯筑。清康熙十九年（1680 年）重修，清中叶废，留下遗迹（见图 16–1）。

图 16–1　八尺门城堡残墙（张哲民供图）

五、康美城堡

康美城堡位于康美镇康美村，相传为郑成功部将万礼修建。堡呈四方形，长 102 米，宽 108 米。城堡设东、南、北 3 个城门，各门有城楼，城楼高 10.8 米，墙高 6.3 米，城墙为三合土夯成，墙厚约 1 米，每隔 5 米设一个铳眼。城外四周原设有宽 4 米的护城河，3 座城门均有石桥与外界交通。城堡内有房间 108 间，依城墙分前后院落布局，前落一层，后落两层，中有天井。城内按金、木、水、火、土五行开凿 5 口水井，城堡正中为并排的三座祠堂，祠堂前为练兵场，整座城池布局缜密，防御设施完善，防守功能强大，在冷兵器时代可以称得上是固若金汤的堡垒（见图 16–2）。

城堡精美之处在于三座城门的石刻。正门东大门已毁，其余两门保存完好，南门匾为“南标铜表”，取东汉名将马援南征交趾战胜异族而立赫赫战功，立两铜表以标示疆界的典故；北门门匾镌“北勒石碣”（见图 16–3），取东汉名将窦宪打败匈奴，勒石燕然山的典故，以鼓励士兵战胜异族。清顺治十八年（1661 年），城堡被清军攻陷，东门被炮轰塌，北门顶上城楼被拆，石砌拱门及匾额石雕保存较为完整。1986 年，康美城堡被列为东山县文物保护单位。

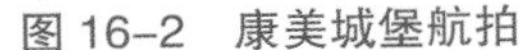

图 16–2 康美城堡航拍

图 16–3 康美城堡北门

六、城垵古城

城垵古城位于康美镇城垵村，建于明洪武二十年（1387 年），为江夏侯周德兴所建，城墙为花岗岩石垒砌，原城内面积达 6 万平方米，现古城存东、西两门及城墙约 268 米，城高 5 米，城厚 1.2 米（见图 16–4）。城垵村是一座古堡式村落，据传城中最早居住着曾姓家族，建有“曾厝市”，至明万历年间，佘、李成为村中两大姓氏，两姓世结姻亲，由此形成佘、李两大家族聚落隔巷而居的现象。该城在抗击倭寇、海盗和日军的侵略中发挥了重要的作用。城垵古城与铜山古城、樟塘古城、陈城古城并称“明代铜山四大古城”。今城垵古城被列为东山县文物保护单位。

图 16-4　城垵古城墙东门

七、亲营古城

亲营古城位于西埔镇亲营村，相传城为亲营村先贤潘穆齐所建，城墙由石头砌成，设有东西南北四门。古城长 200 米、宽 168 米，面积达 23000 平方米，城墙高 3 米、厚 2.5 米，城墙上设跑马道，今残存一小段墙体（见图 16-5）。亲营古城是东山建成较早的城堡之一，今亲营古城被列为东山县文物保护单位。

图 16-5　亲营古城内景

八、陈城古城

陈城古城又称顶城，位于陈城镇陈城村。城建于明嘉靖年间，当时倭寇猖獗，陈氏族人为抗倭保家建此城堡，现仅存一小段城墙。今陈城古城被列为东山县文物保护单位（见图 16–6）。

图 16–6 陈城古城文保牌

九、樟塘古城

樟塘古城位于樟塘镇南山村，建于明嘉靖三十九年（1560 年），据村中张氏族谱载，古城于明嘉靖四十年（1561 年）冬落成，城围 1200 米，高 6.7 米，砌以灰石（见图 16–7）。北门有瓮城，四城门旁均设城隍庙（今尚存）。民国二十九年（1940 年），县政府拆城石筑工事，现存城基。城内原立有联芳坊，为御史崔尔明为樟塘举人张敏、张廷范所立。

图 16–7 樟塘古城遗址

第十七章 诏安县土楼与寨堡

诏安县地处福建南端、闽粤交界处，素有“福建南大门”之称，其南濒东海与南海交汇，北邻平和县，东接云霄县、东山县，西与广东饶平县、南澳县接壤。诏安依山面海，其西北部为高山峻岭，最高山峰龙伞岽海拔1152米；东北部与云霄交界于乌山山脉，地势由西北向东南倾斜，东南部海岸线绵长曲折，约88千米。境内有东溪、西溪、梅洲溪、诏安湾、铁湖港、宫口港等溪流，其中东溪是最大河流，发源于平和大芹山，由西北向东南流经全境汇入大海。[①] 上游多为客家乡镇聚居区，下游为闽南、潮汕文化交融区。

诏安县历史悠久，是漳州始建时的怀恩县地，唐开元二十九年（741年）撤怀恩县并入漳浦县，时诏地为漳州南诏保，宋称南诏场。明嘉靖九年（1530年），因寇乱频发，初定时即从漳浦县析出二都、三都、四都、五都置诏安县，取“南诏安靖”之意。唐总章二年（669年），雷万兴、苗自成、陈谦等人率领畲汉农民起义，境内响应者众；宋末元初，以陈吊眼为首的畲汉农民起义军奋起抗元，影响南方数省；元至正十九年（1359年），南胜“畲寇”李国祥合“潮贼”王猛虎陷南诏；明正统十四年（1449年），邓茂七作乱汀漳间，漳寇乘之攻南诏；明嘉靖二十五年（1546年），白叶洞陈荣玉、刘文养等据洞反；[②] 明嘉靖三四十年间，诏安亦遭倭寇犯境数十次，嘉靖年间的倭患兵灾为最频，而且诏安倭患寇乱一直持续到明末清初，给诏安人民带来深重灾难。诏安沿海的多座城堡即建于此时期，因历代重修、增修，夯土改石砌，现今大多有遗存。而山区明代土楼较少，多为清中后期至中华人民共和国成立初期留存的土楼。

诏安县现辖9个镇、6个乡即南诏镇、四都镇、桥东镇、梅岭镇、深桥镇、太平镇、官陂镇、霞葛镇、秀篆镇、西潭乡、建设乡、红星乡、金星乡、白洋乡、梅洲乡。诏安土楼主要分布在秀篆、官陂、霞葛、白洋、太平、红星等客家乡镇，中部及沿海乡镇则多见寨堡和城堡。诏安土楼具有体型庞大、种类繁多、结构奇巧、内涵丰富等特点，形状有圆形、方形、八角形、交椅形以及客家围屋式、半月形围屋等不同样式，土楼外围大多建有护厝，正门外置风水池等。诏安现存土楼350多座，其中保存相对

① 周跃红、陈宝钧：《诏安县志》，福建教育出版社1999年版，第1-2页。

②（清）秦炯：《诏安县志》卷之七《武备志》，清康熙甲戌年影印本。

完整的有 160 多座[①]。一些村落土楼集聚，形成土楼群落，如秀篆镇寨坪村就有永和楼、荣春楼、彩石楼、中心楼、新圆楼、庆阳楼、东华楼、盛坝楼等众多土楼。诏安土楼中较具规模和艺术价值的还有大边村的在田楼、新坎村的溪口楼、陈龙村的龙潭楼、汀洋村的汀洋楼等土楼。

诏安寨堡是介于土楼与城堡之间的一种防御性建筑。城堡较大型，多依山形地势据险筑城，城门有多个；寨堡多小而精巧，聚族分房各建寨楼。有的在城堡内建寨，一般寨只有一门，而城堡设有多门。诏安寨堡类似闽西南的方土楼，但建筑风格和内部构造又各具特色。诏安寨堡形状有方也有圆，方寨为多，内部为单元式构造，四角多建有凸出寨墙的角楼，楼顶设走马道，防御性较强。寨堡多依山傍水建于空旷平地，无险可守故筑寨堡以自卫，如此形成诏安山海特色防御建筑系统。

诏安城堡多数分布在沿海地区，曾有十多座军事防御性寨堡，大多建于明代，如今残存的也不过几座。历经磨难与沧桑的寨堡，在现代社会大都失去了原有的功能，有的被拆毁拿来修路建房。悬钟古城为官方卫所城堡，其余为民间城堡或寨堡，有的规模宏大，堪比官方城堡，有的虽小巧精致，但也坚固齐全，堡内民居、神庙、水井、仓库等生活设备完善，一旦遭倭寇匪患，全村固守堡内也可生活较长时间。在动荡不安的年代，诏安人民多靠自己的力量，依赖城堡或寨楼保家卫国。

这些城堡见证了诏安人民英勇抗倭、保疆卫土的英雄气概，也是诏安地方文化的重要表现。我们可以借此打造边疆寨堡文化，结合山海风光、特色美食、风土人情等，重塑诏安旅游形象。在乡村建设中，一村一寨或一村一堡或一村一楼，抓住重点，以点带面，保护好历史建筑文化，可以为新农村建设注入文化内涵。

一、诏安土楼

1. 官陂土楼群

官陂土楼群位于官陂镇（见图 17–1），由大边村在田楼及边上的水美楼、石马楼、玉田楼、玉峰楼、庵边楼、田下楼、新城楼、龙头楼、兰秀楼、尚敦楼、凤山楼、燕翼楼、天路里楼、凤鸣楼、光裕楼等土楼组成。有人把在田楼比作花芯，其他 12 座土楼比作花瓣，由此构成一幅大花朵图案。

图 17–1 官陂土楼群

① 《走遍中国》编辑部，《走遍中国：福建》，中国旅行出版社 2011 年版，第 188 页。

图 17–2 在田楼航拍

（1）在田楼

在田楼位于官陂镇大边村，清顺治年间建，乾隆年间重修，坐东北向西南，近观为圆形楼寨，从空中俯瞰为八卦形结构（见图 17–2）。土楼为三层，高约 11 米，设有内外三围，内围为祠屋三间，外围二层，中围三层，外、中两围共房屋 320 间（见图 17–3 至图 17–6）。楼有两个寨门，整座楼寨直径达 94.5 米，楼寨后有三角形池塘名“三元池”，池水清可见底。楼内现住 63 户 300 多人。在田楼是闽南一带仍住居民的大型土楼。

图 17–3 在田楼大门

图 17–4 在田楼内景

图 17–5 在田楼内南洋风格建筑“华商交”楼

图 17–6 “华商交”门匾

（2）玉田楼

玉田楼位于官陂镇大边村，建于明天启年间，坐北朝南，平面呈圆形，有三层，为单元式土楼（见图 17–7）。土楼的中间是大埕，内有一口水井，大埕是土楼人家的重要活动空间。玉田楼楼外有楼，外楼名为玉峰楼，主楼与外楼、风水池、祠堂等组成一个整体，今土楼里面还住着几十户人家，是一处“活着”的客家小社会。

图 17–7 玉田楼内景

玉田楼建于清康熙二十一年（1682 年），为单元式双环圆土楼，主楼 36 间，围楼（玉峰楼）36 间、寓 36 洞天、72 福地，土楼结构独特，为少有带围楼的圆土楼。玉田楼大门门额书“玉田楼”三字，两侧为楹联（见图 17–8）。玉田楼就在在田楼东侧，两者毗邻而居（见图 17–9）。

图 17–8 玉田楼大门

图 17–9 在田楼与玉田楼航拍

（3）水美楼

水美楼位于在田楼西南侧，始建于明天启二年（1622年），高3层半共11米，直径75米，楼前有半月形池塘（见图17-10），楼门厚2.3米，一层墙厚1.5米，三层墙厚0.6米，楼原名龙溪楼，后云松公入住改称水美楼。该楼占地面积4400平方米，是单元式圆形土楼（见图17-11、图17-12）。

图17-10　水美楼前风水池

图17-11　水美楼航拍

图17-12　水美楼内景

（4）尚敦楼

尚敦楼位于官陂镇光亮村，土楼外呈圆形，内呈方形，全楼设18个开间，保存较完整（见图17-13）。

图17-13　尚敦楼

据说该楼始建于明朝末年，至今有近四年历史，楼内原为姓邱人氏居住，后陆续迁徙，现都由张廖氏居民居住。

尚敦楼正中设有祠堂，堂号为“福崇堂”，堂内有一副对联，上联“福泽延绵宗支盛”，下联是“崇尚祖德裔作长”。尚敦楼还有一副楼联，上联是“尚德推贤仁里地”，下联是“敦宗睦族故乡居”。

土楼大门前有一口大风水池，称“尚敦塘”，其外形呈鲤鱼状，寓意年年有鱼。同官陂许多土楼前设大池塘一样，“尚敦塘”直径超过尚敦楼的直径，池塘里的水既可养鱼，又可防火。

（5）田霞楼

田霞楼位于官陂镇大边村，距离在田楼只有400多米的距离，造型别致，为近似方形的单元式土楼，从空中看，原本也是带围楼的大型土楼建筑，因年久失修，部分坍塌。

（6）凤山楼

凤山楼位于官陂镇凤狮自然村，建于清雍正四年（1726年），为三层单元式圆形土楼，中心位置建有张氏宗祠（祖堂）（见图17-14），该楼保存较完好。土楼坐北朝南，楼径62米，高8.3米。凤山楼由官陂复姓张廖氏所建，凤山楼内设42个开间，全楼共126间，正门外有一个面积达2000多平方米的巨大风水池（见图17-15）。

图17-14 凤山楼内张氏宗祠

图17-15 凤山楼航拍

（7）溪口楼

溪口楼位于官陂镇新坎村，为三层单元式圆形土楼，相传楼始建于明初，清康熙三年（1664年）扩建，坐西北朝东南，平面呈椭圆形，楼内有62开间，外围设四个角楼。2006 年发洪水时溪口楼倒塌。新坎村还存有一座天路里楼，今残存。

（8）际云楼

际云楼位于官陂镇新坎村，楼建于清初，楼座西南向东北，平面呈马蹄形，楼宽为 36 米，进深约 39 米，高 10 米至 12 米，三层，楼内共设 22 间房，中间为祖祠，楼外围屋 35 间，现楼内后半部已经倒塌（见图 17–16、图 17–17）。楼前风水池长 38 米、宽 20 米。

图 17–16　际云楼航拍

图 17–17　际云楼

际云楼为张廖氏居住，楼面前左边挖池塘长为月形，右边挖圆形代日，又在池塘外围加挖左、中、右三个直径 2 米深 1 米的圆形水池，今圆池仅存砖石外圈，意为三点会。

际云楼张廖氏十四世元表于乾隆间移居台湾，子孙繁衍于云林、嘉义、南投、台中等地。

2. 霞葛土楼

（1）绍兴楼

绍兴楼又称火烧楼，位于霞葛镇天桥村，朝向坐西北向东南，为三层近圆形单元式土楼，高约 12 米，楼内大埕直径 35 米，右边置古井，祖祠建于楼芯居中，全楼设 42 个单元，楼房屋进深 15 米，土楼外设风水池（见图 17–18）。传绍兴楼为 300 年前平和大溪庄上楼江姓的一支移居至此所建，庄上楼与绍兴楼的楼主为叔侄关系。

图 17–18　绍兴楼

绍兴楼以红代表江，建筑以红为主色调，称为红江。早年绍兴楼红瓦、红砖、红墙连成一片，远处望去整楼似火烧一样，所以又称火烧楼。

图 17-19 天桥村嘉兴楼航拍

（2）嘉兴楼[①]

嘉兴楼位于霞葛镇天桥村，该楼建于 1968 年，为二层单元式圆土楼，朝向坐西北向东南，楼高约 7 米，楼径 33 米，内设 36 开间，楼门高 2.5 米、宽 18 米（见图 17–19 至图 17–21）。嘉兴楼为绍兴楼的子孙楼，楼内为江姓居住，该楼是绍兴楼发展到人口已经居住不下时于边上择地而建（见图 17–22）。

图 17-20 嘉兴楼门匾

图 17-21 嘉兴楼内景

（3）井北楼

井北楼位于庄溪村，清康熙三十九年（1700 年）建，为圆形，楼径约 80 米，楼高三层，其中一层为石构，二、三层土木结构。井北楼设 52 开间，计 142 间房间。

图 17-22 霞葛镇天桥村绍兴楼与嘉兴楼

庄溪村有黄姓、江姓等姓氏。明代中期黄应昌裔孙迁至庄溪村，先住在庄溪溪边土城，而后增建振溪楼、庄头楼、朝阳楼等。居住于庄尾村的黄久隆裔孙建庄尾楼，康熙三十九年（1700 年）江生一率裔孙在庄头楼对面建井北楼。

① 张成城提供资料。

（4）径口楼

径口楼又称径口城，位于霞葛镇五通村，土楼坐北向南，平面呈不规则圆形，楼设两层，为单元式，高12米，内设58个开间，进深13米，每个单元内设天井（见图17-23、图17-24）。楼中为公共的大埕，长45米、宽30米，楼内为黄姓和陈姓居住，有陈姓祖祠两座，黄姓祖祠两座（见图17-25）。

图17-23 径口楼航拍

图17-24 径口楼

图17-25 径口楼内黄姓祠堂

（5）南乾楼①

南乾楼，位于霞葛镇司下村，建于清乾隆年间。朝向坐西南向东北，为二层长方形单元式土楼，高约9米，土楼内埕长25米，宽20米，楼内设18个单元，房屋进深约9米。土楼中间为祖祠，楼外有风水池（见图17-26）。南乾楼是司下村江氏发源地，内有江氏祠堂。

图17-26 司下村南乾楼

（6）拱南楼

拱南楼位于庵下村，为庵下村林氏所建，今存正门及部分楼墙，大门门额刻有“拱南楼”三个大字。拱南楼内有林氏祠堂“承德堂”。

① 黄爱琼提供资料。

3. 秀篆土楼

（1）大坪半月楼

大坪半月楼又称大坪楼，位于大坪自然村平缓的山坡上，始建于明嘉靖年间，呈弧形土楼群，共5环，均环绕李氏祖祠“瑞云堂”。该楼造型独特，不像圆楼那样完全闭合，而是朝同一方向敞开，开口处前方为一个半月形池塘，再往前是连片水田，远处是层叠的群山（见图17–27）。

图17–27 秀篆大坪半月楼原貌[①]

半月楼内环50开间，二环60开间，三环70开间，四环80开间，外环90开间，每环之间相隔约10米宽的巷道，环环相套。每开间各为独立单元，每单元面宽4米，进深10米；入口门厅单层，兼作厨房，中间为天井，后进双层楼当卧房；单元门均朝向祖堂。这种以祖祠为圆心，一圈又一圈地围绕一个中心的半月形布局的土楼形式，既不同于闽南地区单元式的圆楼，也不同于粤北地区客家的围龙屋，可谓客家土楼中的一个特色。大坪楼原为福建省最大的半月型土楼，今半月楼多已倒塌或者改建，只剩一些残段。

（2）光裕楼

光裕楼与龙潭楼毗邻，光裕楼是龙潭楼的浓缩版，稍有不同的是光裕楼进门的地方有个收集雨水的小天井（见图17–28、图17–29）。楼内一口古井井沿精致，美感极强。楼中尚居住几户人家。

图17–28 龙潭楼与光裕楼

图17–29 光裕楼

① 黄汉民：《福建土楼》，生活·读书·新知三联书店2013年版，第38页。

（3）龙潭楼

龙潭楼又称和中楼，位于秀篆镇陈龙村，初建于清乾隆年间，共33个单元，每个单元三进二天井，1941年重建为生土楼，更名为龙潭楼（见图17–30）。该楼坐北朝南，花岗岩石砌基，高11米，单元式圆楼，直径80米，高3层（见图17–31）。由于楼处潭地，楼内古井不深却甘泉汩汩，足以满足住户需求。

图17–30　陈龙村龙潭楼

图17–31　龙潭楼内景

（4）隐庐

隐庐位于秀篆镇陈龙村，由同盟会志士、旅泰爱国华侨游子光先生在民国二十七年（1938年）回乡修建（见图17–32、图17–33）。隐庐坐东北朝西南，由四方形主楼和一字形的东侧边楼两部分组成，均为土木与砖砼混合构筑的二层楼房；建筑背山面溪，环境优美，楼前设大埕，总占地面积达1900平方米。

图17–32　隐庐

隐庐主楼面阔五间，前后共两落，中为天井，东西有过水耳房，楼内一二层部位设通廊四周相连，结构上与方形土楼相同，具备了坚固安全的防御性特点，同时也兼顾了生活起居上的采光通风等要求（见图 17–34）。隐庐在风格上具有闽粤客家“庐居”土楼别墅的空间特色，同时杂糅了南洋风格，是一座中西合璧的独特土楼。

图 17–33　隐庐门匾

图 17–34　隐庐内景

（5）拱北楼

拱北楼位于秀篆镇顶安村，是秀篆王（游）氏十一世祖游道熠公所建，为单元式方楼，占地面积 3300 多平方米，楼设 3 层 20 个单元（见图 17–35、图 17–36）。每个单元有一个楼梯通二楼，上三楼则需通过进门右侧的公共楼梯，三楼设有通廊。2011 年族人重新修复了拱北楼。

图 17–35　拱北楼

图 17–36　拱北楼内景

（6）磐石楼

磐石楼位于秀篆镇埔坪村，建于清代，为前平后圆畚斗形土楼，外围两圈护楼，20 世纪磐石楼被大水冲走一半（见图 17–37）。现磐石楼大门上有“狮面”装饰，土楼内有游氏祠堂（见图 17–38）。

图 17–37　磐石楼航拍

图 17–38　磐石楼大门

（7）百顺楼

百顺楼建于清康熙年间，原楼整体已拆毁重建为新房，仅留有石牌门楼（见图 17–39）。门口大风水池及池渠依然保存。

图 17–39　百顺楼楼匾

（8）龙云楼

龙云楼位于秀篆镇陈龙村 126 号，建于清乾隆甲午年（1774 年），为单元式圆形土楼（见图 17–40、图 17–41），楼高三层、外观基本保存完整，土楼两边各有半环护楼。楼内破旧不堪，成了村民的养鸭场。

图 17–40 龙云楼

图 17–41 龙云楼楼匾

图 17–42 东泰楼

此外，秀篆镇还有阳春楼、青龙楼、蔚文楼、长源楼、东泰楼（见图 17–42）、步青楼、凤江楼、迎阳楼等土楼。

（9）会龙楼[①]

会龙楼位于秀篆镇陈龙村陈屋坑，建于清嘉庆十一年（1806 年），建筑面积约 1000 平方米，为方形单元式土楼，四角抹圆（见图 17–43）。该楼至今保持完好，仍有较多住户。大门对联：会与黎峰齐岁月，龙偕俊杰写盛昌。此楼系中国同盟会会员游太尊（游子光）先生故里。

图 17–43 会龙楼

① 张钦瑶提供资料。

4. 白洋土楼

（1）祥云楼

图 17–44　祥云楼航拍

祥云楼位于白洋乡上蕴村，建于明万历年间，为方形土楼，由进士、官至九江知府、礼部主事的沈鈇兴建，建筑面积约1800平方米，共五进，四环108间单层民房（见图17–44、图17–45）。楼里第三道大门门额挂有“进士第”门匾，落款为“大总裁都察院佐都御史文渊阁直阁事加三级纪昀为”，“乾隆伍拾肆年己酉科会试中式第三十五名沈长泰立”。据考证，该牌匾是纪昀为土楼主人沈鈇曾孙沈长泰于乾隆五十四年（1789年）所立。楼匾“祥云楼”三字为纪晓岚题写（见图17–46）。

图 17–45　祥云楼内官帽式古井

图 17–46　祥云楼大门

祥云楼楼主沈鈇（1550~1634年），字继杨，号介庵，诏安三都人，明万历二年（1574年）进士，初任顺德知县，官迁衡阳、郧阳、九江知府、礼部主事等职。沈鈇生活俭朴，为官清廉，明朝著名戏剧家汤显祖称其为八闽“孤介之士”。沈鈇为官期间，有“清风劲节，楚粤著声”佳誉。清乾隆年间，沈鈇的子孙们曾有“一门八科甲”及“文武世家”的美誉。沈鈇的曾孙沈长泰于乾隆五十四年（1789 年）中武进士后，授任厦门前营游击官职，在平定海寇的海战中英勇奋战，功勋卓越，受到乾隆皇帝多次嘉奖。

（2）汀洋楼

汀洋楼位于白洋乡汀洋畲族村，楼为圆形，始建于清（见图 17–47 至图 17–49）。汀洋畲族村地处闽粤交界，背靠八仙山，是诏安县白洋乡较为偏远的村庄，全村 624 户，人口 2513 人。楼内有钟氏祠堂（见图 17–50）。

图 17–47 汀洋楼航拍

图 17–48 汀洋楼大门

图 17–49 汀洋楼侧门

图 17–50 汀洋楼内钟氏宗祠

5. 太平镇土楼

（1）鸿屋楼

鸿屋楼又名“屋里楼”，位于太平镇科下村，为单元式圆楼建筑，建于清末，今存残楼。该楼是近代漆画艺术大师沈福文先生的出生地。

（2）星斗楼

星斗楼位于太平镇白叶村星斗自然村，为半圆形土楼，也可以叫马蹄形土楼。据传此楼建于明末，为单元式两层格局。楼中居住着陈姓，属于地地道道的客家人。

今星斗楼被列为漳州文物点。

二、诏安寨堡

1. 震山大寨

山河村震山大寨位于诏安县县城西北 10 公里处，全村现有 750 多户共 3200 多人，单姓沈氏。

清康熙二十六年（1687 年），开基祖雍穆祖携领宗亲修建了“震山祖祠”，并在宗祠周围建了 20 多间两层土木结构的楼房，围成一个小寨即现在的震山大寨（见图 17–51、图 17–52）。这是一座接近正方形的古寨，横直都是 120 米，共有 120 多个房间，里外三层，最中间为震山祖祠，祠堂里有乾隆皇帝表彰本村沈氏的圣旨真迹，还有神奇的风化石柱。据说，每次石柱“风化”后，村里就有人中举，故该石柱有“大蚀出大贵，小蚀出小贵”之说。

图 17–51　震山大寨

图 17–52　震山大寨凸出角楼

2. 硕兴寨

硕兴寨又称西湖寨，位于西潭乡福兴村，建于清嘉庆七年（1802 年）（见图 17–53）。“硕兴”是清代富商谢捷科经营糖房的铺号，也是谢氏走北船的船号。门匾为谢廷爚所书“西湖”二字（见图 17-54）。石门镌刻对联：“猴岭狮湖增气象，龙潭麟石结精灵。”寨堡四角为突出的角楼（见图 17-55）。墙高近八米，寨墙顶设有跑马道，二楼设窗，共有较强的防御功能。寨内正中为谢氏宗祠，前埕宽广，左右各设一口井。精美的宗祠石雕构建显示了谢氏往日的兴盛。

图 17-53 硕兴寨航拍 （郭俊山摄）

图 17-54 硕兴寨大门

图 17-55 硕兴寨内谢氏祠堂

3. 歪嘴寨

歪嘴寨位于乌山东麓的金星乡湖内村长田自然村，始建于明永乐年间，坐北朝南，建筑面积 1038 平方米，因大门开于左偏侧，故称歪嘴寨（见图 17-56）。楼寨高两层，屋顶与寨墙之间设有防火泄水槽，屋顶寨墙高出 1.5 米，并设走马道。二层及屋顶寨墙广布射击孔，防御性较强。

楼前立有清光绪三年（1877 年）武进士、御前花翎侍卫沈瑞舟的旗杆石一座。另外，湖内村还有南门寨、北寨、东门寨、新寨、山尾寨、厚福寨、延庆楼、龙蟠楼、南峰楼、茂林楼、田中央楼、万福楼、宝树楼、东美楼、岩仔头楼、新兴楼等寨堡与土楼，是周边村落中土楼寨堡分布最多的地方。

图 17–56　歪嘴楼俯瞰（来源于景区展图）

三、诏安城堡

1. 含英城堡

含英城堡位于桥东镇含英村，传建于元末明初。元代含英村出了一位抗倭名将林仲安。林仲安，号十一朝奉，诏林四世，生于元至大元年（1308 年），卒于明洪武十五年（1382 年）。古堡现存东、南门，无门匾（见图 17–57、图 17–58）。东门有门堵，南门立于悬崖石岩之上，正对含英风水石“英石”，峭壁之下为村落。城堡山下有一条水港通往大海。

图 17–57　含英城堡东门

图 17–58　含英城堡南门

2. 梅洲古城

梅洲古城在县东部，离县城20公里，原属四都镇，现为梅洲乡。梅洲古城始建于明正德二年（1507年），初为“蒸土为砖”的土城，用于御海寇。明万历十四年（1586年），为御倭寇，古城改砌石城，但因“互相诘告”，只筑23丈乃罢。至明万历十九年（1591年），村民齐心合力筑起新城。全城周长约2000米，高约5米，墙厚3米多，全部以花岗岩条石按“井”字或“丁”字形砌成。城垛森罗整如列嶂，分东西南北四个石拱城门和城瓮，并筑有城楼，还有月城数处。

梅州城城郭基本完整，除东门城楼已毁之外，四个城门、城瓮和西、南、北的城楼保存完好（见图17-59、图17-60）。城门门匾刻字清晰可辨，东门书“先春门”，西门书“宝城门”，南门书“明万历甲申”、“阜财门”及“仲冬长至立”，北门书“拱辰门”，东门至北门之间还保存月城一处。城内街道狭窄，房屋鳞次栉比；城外四周人烟密集。分为梅洲、梅东、梅西、梅南、梅北5个行政村。

图17-59 梅洲古城西门

图17-60 梅洲古城北门

3. 上湖古城

上湖古城位于诏安四都镇上湖村，建于明嘉靖二十四年（1545年），为花岗岩条石结构（见图17-61）。城周长约1200米，高5米，设东西南北四个石拱城门。如今大部分城墙和四个城门、城楼依然保存完好。城门石匾额字迹清楚，东门书、“宾阳门”，边款镌“皇明”“嘉靖庚申立”（见图17-62），其他三门分别书“西门”“南门”及“北门”字样。

城内人烟密集，名人辈出。明代既出“父子进士”（胡文、胡士鳌），又有“一城三进士”（胡文、胡士鳌、胡丹诏）的美称，还有明崇祯年间郡马胡仲憘的故居（崇祯帝曾为其题御匾“天潢懿戚”，此匾尚存）。城中的“天悬居中寺”，奉祀着“尊提佛祖”（又称上湖“活佛”）。据传，此位“尊提佛祖”原是该村村民，生活于清后期，面壁十年，得道成佛，圆寂后遗体不腐，肉身保存90年。

图 17-61　上湖古城宾阳门（东门）

图 17-62　上湖古城东门门匾

4. 仙塘古城堡

仙塘古城堡位于县南部的桥东镇，建于明嘉靖年间，也有传说称，由明万历年间诏安地方官沈介庵组织修建。古堡建于一个名为山仔顶的小山岗上。城周长约400米。墙高约5米，厚1.17米，城内南门边有上城顶走马道的阶梯，城墙全部为花岗岩条石垒筑，有东、南两个城门，外门为石拱门，内门为长方门，门高2米多，内门和外门之间都有瓮城，瓮城内古榕树苍翠劲拔，树根攀绕前后瓮墙（见图17-63至图17-65）。东门匾额书“时大清壬戌年”“朝阳”及“十月丁未重兴”，

图 17-63　仙塘古城堡瓮城门

南门匾额书“乾隆七年”“迎薰”及“孟冬重建”。现城中居十多户村民，共用一口古井，还有一间小庙，奉祀火神爷，城内栽种有龙眼树和大竹丛。

图 17–64 仙塘古城堡南门

图 17–65 仙塘古城堡东门

5. 东峤村古城堡

东峤村古城堡即四都镇东峤村东里宝城，建于明代，设有四个城门。现城墙尽被拆毁，仅剩四个城门，城楼上各镶嵌石匾：东门为“岐阳光旦”（见图 17–66），西门为“东里宝城”（见图 17–67），南门为“星占寿老”，北门为“淮阳常青”。东峤村为张姓聚居村落，现有 3600 多人。城内有张贞、张式玉故居，以及张氏宗祠等。

图 17–66 东峤古城堡东门

图 17–67 “东里宝城”门匾

6. 南陂堡

南陂堡，位于霞葛镇南陂村，传为南陂林氏建于明嘉靖三十八年 (1559 年)，整个城堡面积近 500 平方米，平面呈长方形，堡原有东、西、南三个门，今存南门和西门，门设在转弯拐角处，仍保留原始的状态（见图 17–68）。鼎盛时期，城堡里面住四五千人，目前还居住着千人左右。

南陂林氏来自宁化石壁，堡内存林氏大宗、岭美林氏祖孝思堂、著存堂、李德堂以及阴妹公等18座祠堂。历史上南陂堡城抵御过多次匪盗的侵扰，堡中还有始建于明末的“文圃学堂”，也是原中共饶和埔诏和县苏维埃政府旧址。南陂林氏后育传衍台北、桃园、嘉义以及台南、高雄、基隆等地。

图17-68　南陂堡城门

7. 仕渡堡

仕渡堡，位于诏安县深桥镇仕江村。堡约建于明中后期，呈椭圆形，东西南北四面设有“长春门”“紫来门”“南薰门”“拱秀门”四门。清康熙三十年（1691年）《诏安县志》记载仕渡堡为时诏安境内的14个军事城堡之一。乾隆七年（1742年）族人武进士沈作砺主持重修，并完善城堡风水地理，加设水门“迎薰门”（见图17-69），在城堡外围挖七口池塘形成“七星坠地”风水形，七个池塘池水相通，又直通东西两溪，具有蓄水排水功能。现堡内存水门“迎薰门”、东门“长春门”及部分夯土墙。“长春门”为吉祥门，村里凡传统喜庆迎娶送嫁均走此门（见图17-70）。

仕渡堡内巷道纵横交错，建筑分布多呈“井”字形状，高低错落，鳞次栉比。堡内存明代灵惠庙以及沈氏大宗“祀先堂”以及十多座小宗。堡内还有乾隆三十八年（1773年）“通族会禁”碑，内容有“嗣后堡外不论东南西北，一概不许填埕改筑，违者公革出户，断不徇纵”等。

图17-69　仕渡堡迎薰门

图17-70　仕渡堡东门

第三部分

漳州碉楼

第十八章 漳州各县区碉楼

碉楼，中国乡土建筑的一个特殊类型，是一种集防卫、居住和储存功能于一体的多层式防御建筑。在我国，较为人们所熟知的古碉楼有广东的开平碉楼、藏区的羌族碉楼等，而事实上，在福建的漳州也存有许多碉楼，其中尤以今龙海、角美等沿海一带保留下来的较多。

碉楼，在漳州也称为炮楼、铳楼、碉堡、望楼、哨楼等，主要作为防守和瞭望之用。漳州碉楼以沿海沿江的海澄、白水角美等地数量较多，保存也较为完整，漳州龙海一带的早期碉楼大多是由城堡的瞭望台、角楼演化过来，后来在一些村社边角、大型民居附近也建起碉楼。

漳州现存的碉楼大多属于“更楼”的类型，主要分布在城边、村口或村中的小山岗、江边以及民居的外围，作为防匪、防盗、放哨之用。在南靖和溪一带，存有一种当地称为“小五间”的单体“炮仔楼”，其体型比一般的碉楼更大，也有人称为“类土楼”。其功能集居住和防御于一体。现存的碉楼建筑多建于20世纪30年代，除南靖“小五间”建筑年代较早外，有时间纪年的最早的小型单体碉楼建筑是东山铜陵桥雅社区的守望楼，该楼有落款“道光癸巳”，为1833年。一些碉楼楼门上设有防火用的水槽，若遇火烧，可由顶上灌水入槽，扑灭火苗，此为漳州碉楼中的一个特色，也有的楼门上置有楼匾，如程溪镇下叶村南阳堡、九湖镇恒春村聚护楼、九湖镇林前村玉台楼。高耸挺立的碉楼视野开阔，与周边建筑相比，显得颇为突出，它们曾经是村落中的一道风景。

漳州碉楼小巧玲珑，占地面积在10~30平方米范围内，用材与当地的建筑用材形式颇为接近，如龙海一带的多数为砖楼，而在南靖、华安一带的则多由三合土夯筑，与当地的三合土土楼建筑形式相同。在漳浦县深土镇山边村、查岭村桥内则发现有整座碉楼的材质多为石头垒砌，而在山区的华安仙都一带，碉楼则是依附在许多大型的民居边上，或者与民居连在一起构成一个建筑整体。

一、芗城区碉楼

1. 蔡竹禅故居碉楼

蔡竹禅故居碉楼位于芗城区官园大学甲37号，建于1940年，今改建成酒吧（见

图 18–1）。碉楼为方形砖结构，高约 13 米，底宽 6.5 米，楼设三层。蔡竹禅故居是漳州市区一处大型民居建筑，蔡竹禅（1898~1966 年），又名蔡大勋，为知名爱国人士，民族实业家。该碉楼位于蔡竹禅故居右侧，用来守护和作为整个建筑的联防之用。

2. 华南小巷蔡氏民居碉楼

华南小巷蔡氏民居碉楼位于芗城区台湾路华南小巷，为三层楼，高 11 米，宽 3.6 米、深 4.2 米，大门朝南（见图 18–2）。蔡家为民国时期经营鞋店的富裕商家，曾参股漳州蔡同和布庄大众影院等企业，后人有迁居美国、中国台湾等地。

图 18–1　蔡竹禅故居碉楼

图 18–2　华南小巷蔡氏民居碉楼

二、龙文区碉楼

1. 楼内村釜山城角楼

楼内村釜山城角楼位于龙文区楼内社（见图 18–3）。釜山城也称“长桥城”，为明万历南京礼部尚书林士章所建。清光绪《漳州府志》卷二十一《兵纪》中“城堡关隘”载：“长桥土城，地城北十里。明尚书林士章筑”。明万历九年（1581 年）林士章辞官归乡，卜居于郡北之长桥，便着手建造该城，至明万历二十一年（1593 年）建成，工程前后历时 13 年才完工。角楼为原釜山城，残高约 6 米，墙基长约 5.5 米，深 5 米。2000 年 6 月，釜山城的“桥头古城墙”被列为龙文区文物保护单位。

图 18–3　楼内村釜山城角楼

图 18-4 郭坑大桥碉楼

2. **郭坑大桥碉楼**

郭坑大桥碉楼位于郭坑大桥桥头，楼设四层，三层位置宽度为 3.5 米、长度为 4 米，逐层往上缩小（见图 18-4）。一层为基座，不设窗户，二、三、四各层四面均开窗，全楼为石头建造，二楼设大门，门口为通往大桥主干道的平台，楼门朝向西偏北。

三、龙海区碉楼

1. **溪坂碉楼**

溪坂碉楼位于东泗乡溪坂村，民国时期建。碉楼为三层砖楼，坐南向北，楼高 7.5 米，底层进深 5 米，宽 4.2 米，楼门 2 米、宽 0.84 米（见图 18-5）。楼门设于北面左侧，顶上设有防火用的水槽。二、三楼设瞭望孔和枪口，除正面外，今三面与民居共墙。

图 18-5 溪坂碉楼（郭永泉供图）

图 18-6 翠林社大陡门碉楼

2. **翠林社大陡门碉楼**

翠林社大陡门碉楼位于榜山镇翠林村大陡门上帝公庵庙边，民国二十八年（1939 年）建（见图 18-6）。翠林社大陡门碉楼为红砖建筑，基座为条石。碉楼坐北朝南，为方形，长、宽各为 3.6 米。碉楼层高三层，高约 11 米；一层南面右侧设一个楼门，门宽 0.68 米、高 1.1 米；二、三层每面各开窗户和设枪眼，二楼东面曾拓宽窗户作为二层楼门。翠林村为郑氏大社，碉楼位于社中河道边，边上尚存一座古桥。

3. 树兜桥碉楼

树兜桥碉楼位于海澄镇崎沟村树兜社树兜桥边，建筑年代待考（见图 18-7）。碉楼为砖木结构，南北朝向，为方形，宽度约 4 米。碉楼残高两层，高约 7 米，一层正面右侧设一个小门，二层每面各开一个窗户作为瞭望口和枪眼。

图 18-7　树兜桥碉楼

树兜桥碉楼的墙体嵌入两块古碑，连同周边的七块古碑形成了罕见的石碑群。九通碑的时间跨度达 193 年，都是记录历代修建树兜桥的过程，最早的碑记是清康熙三十三年（1694 年）蔡世远撰文《邑侯李公重建树兜桥功德碑》，最晚的是清光绪十三年（1887 年）的《重修树德桥溪邑征仕郑圭海功德碑》。

图 18-8　和平村坂里碉楼

4. 和平村坂里碉楼

和平村坂里碉楼位于海澄镇和平村坂里社，建于民国时期，碉楼原有五层，今改建为三层，楼层逐级缩小，残高约 10 米（见图 18-8）。碉楼平面略呈长方形，坐西北朝东南，面阔度约 3 米，进深约 4 米。一层楼门置铁门，宽 0.74 米、高 1.9 米。楼门左右书有对联，现已经脱落难以辨别。三层各面开有两个瞭望窗，形状有方、圆和扇形等，可见当时设计者的巧妙心思。

和平村位于海澄镇西部，东与罗坑村相邻，南与罗坑山相望，西与榜山田边村为界，北与溪北山连接。该村主要姓氏有陈姓、卢姓等，今坂里社中还存有一座翠英楼城寨。

5. 新林村下林社碉楼

新林村下林社碉楼位于东园镇新林村下林社紫云宫边，民国时期建。碉楼正门朝南，为长方型三层建筑，高 12 米、宽 4 米、进深 6 米；碉楼一层开正门，无窗，二层正面设一个窗，侧面开两个窗，三层四面各设一个窗（见图 18–9、图 18–10）。当地人称此楼为碉堡，村中原有两座碉楼，另一座距现在这座的东南边约 50 米的地方，今已毁。碉楼建于民国时期，1957 年曾重修。

图 18–9 新林村下林社碉楼正面

图 18–10 新林村下林社碉楼侧面

6. 继鳌堂门楼

继鳌堂门楼位于白水镇金鳌村澳内社，建于 1935 年，为澳内社华侨建筑继鳌堂的左右门楼（见图 18–11）。继鳌堂坐南朝北，为二进双护厝“同”字形布局，占地面积达 1000 多平方米。继鳌堂的奇特之处在于东西向两边设一对门楼式碉楼。碉楼为两层，高 6.5 米，宽 4.2 米，进深 3 米。一层作为继鳌堂的大门，二层作为望楼，二层上留有枪眼，外表用薄灰封闭，枪楼四边有圆洞，作为瞭望用。此楼还有一个特殊之处，就是门楼没有固定楼梯，上楼

图 18–11 继鳌堂门楼

时要临时架梯才能上去，隐蔽性更强。

楼主杨南离，年轻时在附近的白水镇当药店学徒，后到新加坡当“批客”，经营“侨批”（华侨托送信款的行业）业务。杨南离讲信用、守义气，业务发展很好，成为远近闻名的“水客”。1921 年，杨南离回国，后于 1935 年在家乡建金鳌堂。

7. 大霞炮楼

大霞炮楼位于白水镇大霞村下厝社，建于民国二十六年（1937 年）。碉楼为方形四层砖式建筑，外观涂抹灰涮，楼高约 14 米，底层宽度为 5.3 米，一层无窗口，二至四层四周各设一个枪眼（见图 18–12）。大霞村地处九龙江南溪下游，是当地的一个重要集市，这里尚存大埔圩遗址。大霞炮楼是当时地方武装的一个瞭望所，1945 年、1959 年、1999 年碉楼均有重修。

图 18–12 大霞炮楼

8. 下叶双碉楼

下叶双碉楼位于程溪镇下叶村，建筑年代为清末至民国初期，其中一座名为下叶村炮楼，位于进村道上，而另一座名为南阳堡，位于下叶村山脚下。

“南阳堡”碉楼平面呈方形，坐西朝东，设四层，高 13.8 米。二至四层为油标砖砌灰浆而成，屋顶为杉木檐角，瓦片盖顶，楼墙高大、壮观，四周布满枪眼和瞭望口，大门由胶冬树板外封铁皮打造，大门上面置一个突出的漏水槽，外人难以攻破（见图 18–13、图 18–14）。

图 18–13 下叶碉楼“南阳堡”

图 18–14 下叶碉楼南阳堡大门

图 18–15 下叶村村口碉楼

下叶村“南阳堡”碉楼的门额尚保留完整，从边款“民国念三年建”可知该楼建于 1934 年，落款被灰泥涂抹。下叶另一炮楼建筑样式类似（见图 18–15）。双碉楼坐落在村里的制高点，相互形成掎角之势，站在上面可瞭望方圆数十里的范围。

下叶村叶氏祖源为河南南阳，为让子孙后代记住祖先发源地，故将炮楼命名为“南阳堡”，从中也体现了碉楼身上所受的中原文化影响。

9. 程溪镇官园村炮楼

程溪镇官园村炮楼位于程溪镇官园村，建筑年代待考。官园村地处龙海区程溪镇的山区地带，旧时为了防匪防盗建了三四座碉楼，今存两座。位于下林社 33–2 号的碉楼基本保存完整，该楼高四层，为石、砖垒砌而成，坐东向西，底层进深 5 米、宽 4 米、高 11 米（见图 18–16）。另一座位于大社 129–1 号边，样式与下林社相同，今存一层底座。两楼分别为当时村头和村中的碉楼。

10. 洋奎碉楼

洋奎碉楼位于程溪镇洋奎村汤兜社，门牌号为“洋奎汤兜 33–2”，当地称之为“炮楼”。碉楼略呈长方形，大门坐东北朝西南。楼高约九米，共三层，一、二层楼墙为石质，三层楼墙为红砖，三楼设有瞭望窗和枪眼（见图 18–17）。

图 18–16 程溪镇官园村炮楼

图 18–17 洋奎碉楼

四、高新区碉楼

1. 林前村玉台碉楼

林前村玉台碉楼位于高新区九湖镇林前村，门牌为“林前村 167–3 号”，建于民国二十六年（1937 年）。玉台碉楼为长方形，原设三层，现存两层，宽 4 米，进深 4.5 米，坐西北向东南，残高约 7 米。二楼上每面均设一个窗户、二个枪孔；一楼大门上边门额书“玉台”两字，上款“民国廿六年”（见图 18-18）。玉台碉楼为村民用于防匪防盗的公用建筑。

林前社为郑姓聚居地。今林前岩山路路旁有一座明代皇帝赐祭葬的光禄寺卿郑玉台古墓，现整修为“大明节义名臣郑鼎墓园”，玉台楼为纪念郑玉台而得名。

图 18-18　九湖镇林前村玉台碉楼

图 18-19　径里村碉楼

2. 径里村碉楼

径里村碉楼位于高新区靖城镇径里村，高三层，约 11 米，楼基为石条，上为砖砌，外墙炭刷，一楼不开窗，二楼、三楼设有窗户和枪孔（见图 18-19 至图 18-21）。该楼的奇妙之处在于二楼、三楼设有小便口，可以往下流到一楼下水道。

图 18-20　径里村碉楼内设置的下水道装置

图 18-21　径里村碉楼二楼内景

3. 恒春村聚护楼

恒春村聚护楼位于高新区九湖镇恒春村，建于民国二十七年（1938 年）。恒春村聚护楼为三层砖楼，坐西向东，底层长 5 米、宽 4.2 米、高 10.5 米。一楼大门宽 0.9 米、高 1.8 米，门额中间书“聚护楼”，边款“民国式柒年瓜月置”（见图 18–22）。门顶上设有防火用的水槽。二楼是瞭望孔和枪口，每面墙中间为瞭望孔和两个枪眼，三楼窗口也可作为枪眼，每个墙面有三个枪眼。聚护楼正面邻村中小巷，其余三面与民居共墙。与聚护楼正面相对的有一座红砖建筑洋楼，应为同时期建筑，现已无人居住。

图 18–22 九湖镇恒春村聚护楼楼匾

恒春村旧为福建龙溪县十二三都林尾保恒苍社，建社初有李姓、翁姓、洪姓、蔡姓四姓共居，今多为李氏居住。九湖镇恒苍因与角美镇恒苍同名，1980 年改为恒春村。

4. 下庄村后壁山炮楼

下庄村后壁山炮楼位于颜厝镇下庄村后壁山村口，门牌为“下庄村后壁山 72–5 号”。炮楼高三层，约 12 米，坐南向北，一楼门高 2.3 米、宽 0..85 米，为方形，由下往上逐渐缩小（见图 18–23）。炮楼保存完好，今改为其他用途。

5. 田中央村碉楼

田中央村碉楼位于九湖镇田中央村，20 世纪 50 年代建，碉楼为两层砖楼，坐北向南，底层进深 4.8 米，宽 7.2 米，高 6.5 米（见图 18–24）。楼门高 2 米、宽 0.84 米，楼门设于北面左侧。二楼设瞭望孔和枪口。

图 18–23 下庄炮楼

图 18–24 九湖镇田中央村碉楼

6. **秀潭碉楼**

秀潭碉楼位于九湖镇林下村秀潭门牌74–1号，民国时期建。碉楼为三层，坐北向南，整个碉楼采用红砖材质，平面呈方形，底层长4米、宽4米、高7米（见图18–25）。每层均有开窗，二楼正面设落地窗，二楼上设有枪眼，现已无人居住。碉楼后有古大厝，当时应是作为大厝的守望之用。

图 18–25　下村秀潭碉楼

7. **下庄横山炮楼**

下庄横山炮楼位于颜厝镇下庄村，炮楼坐西向东，门高2.3米、宽0.85米，为方形，高三层约8米（见图18–26），设有瞭望窗（见图18–27）。

图 18–26　下庄横山炮楼

图 18–27　下庄横山炮楼瞭望窗

图 18–28　坂美村坂美碉楼

五、台商区碉楼

1. **坂美村坂美碉楼**

坂美村坂美碉楼位于角美镇坂美村坂美社，为方形，坐西北朝东南，边宽约3.8米，高约7.5米，底坐由石条砌成，高约1.6米，上方砌红砖，四周置有枪眼（见图18–28）。

2. **后山碉楼**

后山碉楼位于角美镇坂美村后山社，楼为正方形共三层，坐南朝北，边宽约 3 米，高约 7.5 米，底坐由石条砌成，高约 1.2 米，上方为红砖（见图 18–29）。一楼设铁门，楼四周置有枪眼。

3. **恒苍村山头社碉楼**

恒苍村山头社碉楼位于角美镇恒苍村山头社石梯岩寺东南边的小山上，楼为正方形，共四层，边宽约 4 米，高约 9 米，楼四周置有枪眼（见图 18–30）。当地人介绍，该楼位于村中最高处，在当地叫碉堡，大约建于民国时期，至今已逾百年。

图 18–29 后山碉楼

图 18–30 恒苍村山头社碉楼

4. **流传碉楼群**

流传碉楼群位于角美镇流传村，村中四角落原各有一座碉楼，共四座，今存两座碉楼，其中一座位于流传村天一信局前，为方尖型建筑，底座为条石，上为红砖，共 4 层，高约 11 米，每层均开窗，边上有民国天一信局附属建筑“行记果园”，而另一座在同村的妈祖庙边，建筑样式相同（见图 18–31）。

5. **埭山社李氏民居碉楼**

埭山社李氏民居碉楼位于角美镇吴宅村埭山社，主体建筑为五开间两进，右边配建有护厝一座，前方为风水池，碉楼位于风水池左侧，楼门朝北，为长方形砖式两层建筑，高 11 米，底座宽 5 米多，两层，四周一、二层各开一个窗（见图 18–32）。

该建筑为菲律宾侨商李永垒（1837~1891 年）回乡所建，李永垒长女李麦娘嫁于著名侨商林秉祥。现主体建筑已经荒废，右厢房尚有几位老人居住，今建筑被列为台商区文物保护点。

图 18-31　流传村妈祖庙边碉楼

图 18-32　埭山社李氏民居碉楼

6. 玉江炮楼群

玉江炮楼群位于角美镇玉江村，村中原有五座碉楼，现存四座，其中两座还完整保存，余下两座均仅剩一层。保存完整的一座位于村中禾表角落，为正方形，长宽各为 3 米，高三层，高度 6.5 米，炮楼坐西南朝向东北，大门高 1.8 米、宽 0.75 米（见图 18-33、图 18-34）。

图 18-33　玉江禾表角炮楼

图 18-34　玉江社前炮楼

图 18-35 玉江林开德炮楼

另一座为 1946 年著名华侨林开德建，炮楼每面的边角各留有 2 个枪孔，内墙的孔很大，可从里面往外射击，炮楼一层设谷仓。该炮楼现已修葺，现为村开德纪念公馆的一部分（见图 18-35）。

7. 瑞懋楼碉楼

瑞懋楼碉楼，位于角美镇东山村许坂社 62 号。碉楼为瑞懋楼的附属建筑。瑞懋楼为华侨林小抹建于 1932 年。林小抹，龙溪县人，1900 年南渡印尼爪哇，侨居梭罗，以小本经营生意。至 1907 年，与其兄林小庄合股，创设瑞懋兄弟公司，成为富商。林小抹热心公益，捐输国家尤为踊跃。20 世纪 20 年代，林小庄、林小抹兄弟在角美投资创办苍坂农场。

瑞懋楼坐西北朝东南（见图 18-36），碉楼与主楼平行。碉楼为二层加三楼瞭望台，坐北向南，平面呈长方形，单层设二间房间，四周设窗户和枪眼（见图 18-37）。

图 18-36 瑞懋楼俯瞰

图 18-37 瑞懋楼碉楼

六、长泰区碉楼

1. 枧仔兜碉楼

枧仔兜碉楼位于岩溪镇珪后村枧仔兜厝北面，高 12 米，楼设两层，一楼大门朝东，楼层四向各开 1 个门窗，楼内布满枪眼（见图 18-38）。据村民介绍，村中原有三座哨楼，为 20 世纪 30 年代叶文龙所建。

枧仔兜厝建于清嘉庆年间，为三进四落悬山式建筑。爬上碉楼整个枧仔兜一览无余。

图 18-38　枧仔兜碉楼

2. 后西碉楼

后西碉楼，位于岩溪镇珪后村后西自然村 161-1 号当地称炮楼（见图 18-39）。碉楼建于民国时期，为两层方形砖石结构，高约 11 米，底宽 4.5 米，正门坐西北朝东南，大门设于离地面约 1.3 米，碉楼楼基为石头砌成，上为砖头外墙白灰粉刷。二层四周各开一窗，墙上布有枪眼（见图 18-40），二层上露台置墙垛，用于瞭望。珪后村原设有四座碉楼，作为联防之用，今存两座，此为其中之一。

图 18-39　后西碉楼

图 18-40　后西碉楼二层枪眼和瞭望台

七、华安县碉楼

1. 岛濑村双碉楼

岛濑村是个古朴的村落，位于湖林乡西北部，四周植被葱郁，苍老的古树，体态各异，神韵潇洒，年代久远的古桥与古道，诉说着这个村子的悠久历史，山脚涧边的古厝，以闽南特色民居“五凤楼”为主，错落有致，冬暖夏凉。

村中原有四座碉楼，用以抵御土匪。现余留村落东西两头各一座。东碉楼位于村东面，坐西北朝东南，为正方形三合土夯筑，长宽各为 5.5 米、高 9 米，东面和北面有凸出的瞭望台（见图 18–41）。西碉楼位于村中桥尾 63 号，三合土夯筑，坐南向北，楼呈长方形，长 7 米、宽 4.5 米，楼设三层、高 9 米，屋檐出挑宽大，出挑外屋面与楼墙之间距离约 1.2 米（见图 18–42）。楼门木质包铁皮，高 1.9 米，宽 1 米，四周设枪眼（图 18–43）。

图 18–41 岛濑村东碉楼

图 18–42 岛濑村西碉楼

图 18–43 岛濑村西碉楼瞭望窗及射击孔

2. 招山德馨堂碉楼

招山德馨堂碉楼位于仙都镇招山村，为德馨堂附属建筑。该楼坐东北朝西南，碉楼位于主体建筑左侧，坐东南朝西北，三楼朝大门外设悬空楼斗，现已废。碉楼大门朝着主门。高度12米，为三层，各楼层置枪眼和瞭望孔，宽度5米，进深7米，高度12米（见图18–44）。

3. 西陂路亭碉楼

西陂路亭碉楼位于湖林乡西陂路亭社24–1号边，建于清嘉庆道光年间，为方形三合土质碉楼（见图18–45）。楼墙厚1.2米，宽6米，高三层约8米，四周设有枪眼，一楼大门坐北向南。路亭社为李氏村落，碉楼边为李氏祠堂。

图18–44 招山德馨堂碉楼

图18–45 西陂路亭碉楼

4. 良埔村浮山碉楼

良埔村浮山碉楼位于华丰镇良埔村门牌浮山4–1号，碉楼与边上的霞仙堂大厝连为一体，位于霞仙堂右侧，碉楼前低后高，前设为两层，高约6米，后为三层高约11米，为三合土夯筑，四周设枪眼，单层设二间，一楼设两门与大厝相连（见图18–46、图18–47）。

图18–46 良埔村浮山碉楼

图18–47 良埔村浮山碉楼歇山顶式屋顶

5. 云山村 248 号民居碉楼

云山村 248 号民居碉楼位于汤晓丹故居左侧，坐西向东，碉楼在故居的左边，大门宽 5 米，进深约 6 米，二楼有枪眼和瞭望孔（图 18–48）。

图 18–48 仙都镇云山村 248 号民居右侧碉楼

图 18–49 招坑碉楼

6. 招坑碉楼

招坑碉楼位于仙都镇招坑村，为单体式小型土楼炮楼，立于一院落式两进五开间大厝左侧（见图 18–49）。楼坐西北朝东南，正面宽 3.5 米，深 4.5 米，高三层约 8 米。墙基鹅卵石垒砌高约 1 米，上为夯土。二、三层开小窗，并设多个射击孔，总体防御性较强。

八、南靖县碉楼

1. 林中村碉楼

林中村碉楼位于和溪镇林中村，碉楼坐东北朝向西南，西南边侧开一小门，宽 1.1 米，高 1.8 米。碉楼为长方形土结构，高约 9 米，底宽 8 米，进深 8 米（见

图 18-50），楼设三层，一楼设有枪眼，二楼开两窗户，三楼边角设两处挑出的瞭望窗。该碉楼位于村中寨子之侧，与村落土楼互为犄角，用来守护寨子和作为整个建筑的联防之用。

图 18-50　林中村碉楼

2. 车田社施锦楼

车田社施锦楼位于书洋镇书洋村车田社，始建于清代，坐西南朝东北，为方形夯土楼（见图 18-51）。楼设三层，每层铺木板隔层，未设单独房间，占地面积 88.36 平方米，高约 12 米，楼内长宽均为 6.2 米，屋檐出挑约 1.3 米，楼外墙边宽均为 6.4 米，墙厚 0.9 米，门高 1.65 米、宽 0.76。每个墙面上开有大小不一的窗口 3 个，合计开 12 个窗口（见图 18-52）。该楼原为关押犯人的地方，第三层楼前后仍然存有小门直通瞭望台，今村民将其改造为烤烟房，第一层有烤烟炉遗迹残存。该楼是漳州碉楼里难得的一处县级文保建筑。

图 18-51　书洋村施锦楼

图 18-52　书洋村施锦楼一楼内景

3. 大桥头碉楼

位于和溪镇联侨村大桥头 46-1 号，当地称炮楼，相传建于清末，碉楼内外地面铺设鹅卵石，墙体由三合土夯筑，楼设三层，高约 8.5 米，墙基宽 5.6 米、深 4.9 米，一楼墙厚 0.70 米（见图 18-53）。碉楼坐北朝南偏西，一楼开一进出小门，墙体四面设长条形和圆孔型枪眼，二楼设枪眼和小窗，三楼背面设一小门，高 1.7 米，宽 0.5 米，小门通连东北角悬空瞭望台。三楼屋顶设观察哨，上面还保存有 20 世纪 80 年代的广播喇叭（见图 18–54）。整座碉楼保存完整。

图 18–53 大桥头碉楼

图 18–54 大桥头碉楼内广播喇叭

4. 林坂村碉楼

林坂村碉楼位于和溪林坂村，楼名“瑞源楼”（见图 18–55），又称“炮仔楼”，始建于清康熙年间，为三层长方形小型土楼，面阔 12.35 米，进深 8.65 米，高 8.7 米，建筑面积 150 平方米，平面四房一厅布局，进门为大厅，左右各两房，楼梯设于厅内靠后墙（后墙见图 18–56）。大门上方左右两侧各设横条斜下式枪眼，二楼设竖式瞭望窗，三楼设小四方窗，总体防御性较强。

图 18–55 瑞源楼

图 18–56 瑞源楼后墙

5. 乐土村碉楼

乐土村碉楼位于和溪镇乐土村，建于民国初年，长约 13 米，宽约 7 米，楼高四层，四楼四面设有一圈外廊，大门向内凹进 1 米多，凹墙两边设射击口，楼体单层为

“四间一厅”，当地称“小五间”。该楼共有 4 厅 16 间房，四楼大厅设神龛，建筑整体保持完好（见图 18-57、图 18-58）。

图 18-57　乐土村碉楼

图 18-58　乐土村碉楼侧影

九、平和县碉楼

福塘村万顺大厝炮楼位于秀峰乡福塘村万顺大厝前，临秀峰溪，高约 8 米，长宽各 6 米，为三层三合土夯筑（见图 18-59）。二层四面墙置有密集射击孔（图 18-60），三楼四面设瞭望窗及射击孔。据传朱德率领南昌起义军回师入闽曾驻扎于此。纪念馆内陈列了历史图片、相片、实物数十件，并有朱德赠与当时负责接待的村民朱梅洲的铜质电筒。

图 18-59　福塘村万顺大厝炮楼

图 18-60　福塘村万顺大厝炮楼二楼射击孔

十、漳浦县碉楼

1. 山边村石头碉楼

山边村石头碉楼位于深土镇山边村村边小山上，高 7 米，长、宽各约 4 米，高设三

图 18–61 山边村石头碉楼

层，正门背山面对沿海大通道公路方向，四周留有枪口，枪口最低的位置距地面约 2 米，屋面为砖瓦（图 18–61）。山边村是漳浦县深土镇下辖的一个行政村，位于深土镇北部灶山南麓平原地带，山边为李姓聚居地。

2. 查岭村桥内碉楼

查岭村桥内碉楼位于绥安镇查岭村桥内自然村教堂边，建于民国时期。全楼以乱石垒砌，平面为正方形，边长 4 米，高三层，每层均设移动木梯，楼门开东南面，顶层楼墙设女墙，供守望用（见图 18–62、图 18–63）。

图 18–62 查岭村桥内碉楼正面

图 18–63 查岭村桥内碉楼背面

3. 洪田碉楼

洪田碉楼位于官浔镇红霞村洪田广济宫边，碉楼标有门牌：洪田 402 号。碉楼为三层，楼基为石条，上为砖砌加灰刷，大门上有防御用注水口，整个碉楼保存完整（图 18–64）。

图 18–64 洪田碉楼

4. 康庄碉楼

康庄碉楼位于官浔镇康庄村，康庄也称横口，村中有横口城遗址，碉楼位于城门入口处门边。传清初郑成功部曾驻军于城中，城边尚有郑成功冶炼铸造铁炮的遗址。碉楼楼基为石条所砌，上方为红砖砌建，高三层，顶层为敞开式，便于瞭望（见图 18-65）。

图 18-65　康庄碉楼

5. 顶车楼门楼

顶车楼门楼位于石榴镇象牙村顶车自然村，为明代土楼的门楼，楼平面接近正方形，分内外两圈，门楼为进出楼堡的正面，高三层（见图 18-66）。

6. 霞坛碉楼

霞坛碉楼位于绥安镇霞坛村口，为方形碉楼，现残 存两层，坐东朝西，宽 4.3 米，进深 4.3 米，残高 4.7 米（见图 18-67）。

图 18-66　顶车楼门楼

图 18-67　霞坛碉楼

图 18-68　埔乾社碉楼

7. 埔乾社碉楼

埔乾社碉楼位于长桥镇友爱村埔乾社，建筑年代待考，碉楼原为三层，下面两层为石头，上面一层为砖楼，坐东北朝西南，方形，底层长 4.5 米，今残存一层，高 2.2 米（见图 18-68）。

图 18-69 长桥黄氏碉楼

8. 长桥黄氏碉楼

长桥黄氏碉楼位于长桥镇长桥村黄氏大厝前，碉楼底宽 4.3 米，高 7.8 米，碉楼所在黄氏建筑朝北，最后一进为南洋风格的建筑（见图 18-69）。主人黄荣元建该楼于 1943 年，之后到台湾，现在建筑处于没人管的状态。

碉楼楼门朝南，底下两层为石头材质，第三层为红砖，三层各层均设有枪眼，一楼、二楼一侧设楼门。据了解，碉楼除了作为该建筑瞭望之用之外，也是当时全村较高的一处瞭望台。

十一、云霄县碉楼

泮坑村炮楼位于云霄县马铺乡泮坑村泮坑 371 号。民国时期，泮坑村建了四座炮楼，分别是下祖厝边、下埕尾、顶学、云后山尖四座炮楼，现仅存下祖厝边炮楼（见图 18-70、图 18-71）。

图 18-70 泮坑村碉楼

图 18-71 泮坑村碉楼大门

下祖厝边炮楼，楼基为石头砌筑，上为夯土所筑，楼三层高 6.6 米，宽 4 米、长 4 米，一楼大门为铁皮包面，二、三楼地板采用木作，现土楼已经荒废。泮坑为罗姓聚居地，今有 200 多户 1000 多人口。

十二、东山县碉楼

1. 守望楼

守望楼位于铜陵镇桥雅社区琥珀井附近，楼墙上嵌着一块石碑，横书阴刻“守望楼”三字（见图 18–72），字高 17.5 厘米，宽 11 厘米，右边落款竖书阴刻“道光癸巳年菊月建”，字径 3.5 厘米。经查时间为 1833 年农历九月，是目前可考有纪年漳州较早的碉楼（见图 18–73）。该楼为两层，高约 7 米，方形，宽约 4.2 米，泥面墙壁风化严重，墙上有瞭望孔，碉楼现已废弃不用。

图 18–72　守望楼石碑

2. 朱氏望楼

朱氏望楼位于铜陵城内顶街 343 号，为朱姓富商所建。楼建于清末，作为整个大厝建筑的一部分，为三层，每层均设有窗户，现保存较好（见图 18–74）。

图 18–73　守望楼

图 18–74　铜陵顶街朱氏望楼

十三、诏安县炮楼

1. 长田碉楼

长田碉楼位于金星乡湖内村长田自然村，门牌为长田 477 号。为民国时期建，正方形，坐北朝南，边宽约 5 米，残高两层，约 7.5 米，一楼设铁门，四周置有枪眼，外墙用灰色涂抹，旧枪孔隐约可见（见图 18–75）。

2. 福兴村硕兴寨（西湖寨）角楼

硕兴寨（西湖寨）角楼位于诏安县西潭乡福兴村，硕兴寨建于清嘉庆年间，为长方形两层高封闭式建筑，外墙系沿海的“灰沙炼”筑臼。硕兴是清代富商谢捷科经营糖房的铺号，也是谢氏走北船的船号。谢家在清嘉庆七年（1802 年）筑硕兴寨，置有大片田园蔗地于此，采取“公司、农户”方法，集生产、加工、销售于一体。硕兴寨结构坚固，防御功能强大，四角均置有高大的碉楼，形成互为掎角之势（见图 18–76）。

图 18–75　长田碉楼

图 18–76　福兴村硕兴寨（西湖寨）角楼局部

参考文献

一、史籍志书类

1.（明）陈洪谟修：（正德）《大明漳州府志》，厦门大学出版社，2012 年。
2.（明）陈洪谟著：（正德）《漳州府志》，中华书局，2012 年。
3. 长泰县地方志编纂委员会：（清乾隆庚午版）《长泰县志》，2008 年重印本。
4.（清）陈汝咸修，林登虎纂：（康熙）《漳浦县志》，上海书店出版社，2000 年。
5.（清）陈汝咸著：（光绪）《漳浦县志》，上海书店出版社，2000 年。
6.（清）陈寿祺等撰：《福建通志》，华文书局，1968 年。
7.（清）陈鍈修，邓来祚纂：（乾隆）《海澄县志》，清乾隆二十七年刻本。
8. 陈再成：《漳州简史》，华安印刷厂承印，1986 年。
9. 福建省地方志编纂委员会：《福建省志》，方志出版社，1998 年。
10. 范中义、仝晰刚著：《明代倭寇史略》，中华书局，2004 年。
11.（明）顾炎武撰，黄珅等校：《天下郡国利病书》，上海古籍出版社，2022 年。
12.（明）何乔远编撰：《闽书》，福建人民出版社，1995 年。
13.（清）黄许桂修，曾泮水纂：《平和县志》，清道光十三年抄本。
14.（明）黄仲昭纂：（弘治）《八闽通志》，福建人民出版社，2017 年。
15.（清）江国栋、陈元麟纂修：（康熙）《龙溪县志》，康熙五十六年刻本。
16.（宋）刘克庄著：《后村先生大全集》，四川大学出版社，2008 年。
17.（宋）李心传著：《建炎以来系年要录》，上海古籍出版社，1992 年。
18.（明）罗青霄著：（万历癸酉）《漳州府志》，厦门大学出版社，2010 年。
19.（明）李贤等编撰：《大明一统志》，三秦出版社，1990 年。
20.（明）林有年纂修：（嘉靖）《安溪县志》，安溪县志工作委员会，2002 年。

21.（明）林希元著：《林次厓先生文集》，泉州文库整理出版委员会编，商务印书馆，2018年。
22.（明）闵梦得著：（万历癸丑）《漳州府志》，厦门大学出版社，2012年。
23. 南靖县地方志编纂委员会编：《南靖县志》，方志出版社，1997年。
24.（清）秦炯纂修：（康熙）《诏安县志》，上海书店出版社，2000年。
25.（清）沈定均著：（光绪）《漳州府志》，上海书店出版社，2000年。
26.（明）申时行著：（万历）《大明会典》，中华书局，1989年。
27.（元）汪大渊著，苏继庼校释：《岛夷志略校释》，中华书局，1981年。
28.（明）王守仁著，吴光等编校：《王阳明全集》，上海古籍出版社，2011年。
29.（宋）王象之著：《舆地纪胜》，中华书局，1992年。
30.（清）王相等修，昌天锦等纂：《平和县志》，台湾成文出版社，1967年。
31.（清）吴宜燮著：（乾隆）《龙溪县志》，上海书店出版社，2000年。
32. 薛凝度、吴文林著：《云霄厅志》（嘉庆）卷19，民国二十四年铅字重印本。
33.（清）谢宸荃主修，洪龙见主纂：（康熙）《安溪县志》，安溪县志工作委员会整理，2003年。
34.（清）姚循义修，李正曜等纂：《南靖县志》，清乾隆八年刻本。
35.（清）张懋建纂修，赖翰颙总辑：（乾隆）《长泰县志》，民国二十年重刊本。
36. 郑丰稔：（民国稿本）《南靖县志》，南靖县地方志编纂委员会整理，1994年。
37.《中国海岛志》编纂委员会编著：《中国海岛志》（第3册福建卷），海洋出版社，2014年。
38. 中共南靖县委党史和地方志研究室编：《南靖县志》（1991—2007），上海人民出版社，2020年。
39. 中共漳州市委党史和地方志研究室编：《漳州市志》，中国文史出版社，2020年。
40. 郑樑生编校：《明代倭寇史料》，台北文史哲出版社，2005年。
41.（清）张廷玉等撰：《明史》，中华书局，1974年。
42. 周跃红、陈宝钧主编：《诏安县志》，方志出版社，1999年。
43. 漳州市地方志编纂委员会编：《漳州市志》，中国社会科学出版社，1999年。
44. 漳州市地方志编纂委员会编：《漳州土楼志》，中央文献出版社，2011年。

二、著作书籍类

1. 曹春平等主编：《闽南建筑》，福建人民出版社，2008年。
2. 曾五岳著：《漳州土楼揭秘》，福建人民出版社，2006年。
3. 陈名实著：《闽台古城堡》，厦门大学出版社，2015版。
4. 戴志坚，陈琦编著：《福建土堡》，中国建筑工业出版社，2014年。
5. 戴志坚著：《福建民居》，中国建筑工业出版社，2009年。

6.《福建土楼》编委会:《世界遗产公约申报文化遗产：中国福建土楼》，中国大百科全书出版社，2007年。

7. 华安县文化体育新闻出版局:《华安文物荟萃》,（漳）新出2015022。

8. 胡大新编:《永定客家土楼研究》，北京燕山出版社，2000年。

9. 黄汉民、陈立慕著:《福建土楼建筑》，福建科技出版社，2012年。

10. 黄汉民著:《福建土楼》，海峡文艺出版社，2013年。

11. 黄汉民著:《福建土楼——中国传统民居的瑰宝》，生活·读书·新知三联书店，2003年。

12. 火仲舫、火会燎著:《土堡风云》，宁夏人民出版社，2009年。

13. 开平市文物局编:《开平碉楼与民居》，广东旅游出版社，2014年。

14. 龙海市政协文史委编:《龙海文史资料·古村落精编》,（漳）新出2015026。

15. 林建东著:《漳州古楼堡》，漳浦县金浦新闻发展有限公司印，2016年。

16. 李建军著:《福建三明土堡群》，海峡书局，2010年。

17. 李建军著:《福建庄寨》，安徽大学出版社，2018年。

18. 李秋香等著:《福建民居》，清华大学出版社，2010年。

19. 林嘉书主编:《闽台同根古建筑》，香港广角镜股份有限公司出版社，2010年。

20. 林嘉书著:《土楼——凝固的音乐和立体的诗篇》，上海人民出版社，2006年。

21. 林嘉书著:《闽台移民系谱与民系文化研究》，黄山书社，2006年。

21. 刘森林著:《八闽撷珍——山海堡楼与移民》，上海大学出版社，2017年。

22. 刘晓迎著:《神秘的客家土堡》，海潮摄影艺术出版社，2008年。

23. 陆元鼎编:《中国民居建筑》，华南理工大学出版社，2003年。

25. 曲利明主编:《福建土堡》，海峡书局，2018年。

26. 平和县文化体育新闻出版局、平和县博物馆编:《平和文物精选》，2013年。

27. 孙英龙著:《东山风物》，厦门大学出版社，2002年。

28. 王付君、金开诚著:《碉楼》，吉林文史出版社，2010年。

29. 云霄县政协委员会编:《云霄土楼》(云霄文史资料第48辑)，2018年。

30. 吴汉光、胡大新、魏荣章著:《福建客家著名民居》，海峡文艺出版社，2011年。

31. 王南编著:《福建古建筑》，中国建筑工业出版社，2015年。

32. 王少卿、江清溪主编:《南靖土楼》，上海人民出版社，2006年。

33. 王文径著:《城堡与土楼》，漳浦县金浦新闻发展有限公司印，2003年。

34. 吴泽龄著:《平和土楼》，海峡文艺出版社，2016年。

35.《走遍中国》编辑部编:《走遍中国福建》，中国旅游出版社，2011年。

36. 珍夫编著:《福建土楼百问》，中国言实出版社，2020年。

37. 曾五岳著:《土楼起源史研究》，海潮摄影艺术出版社，2011年。

三、报纸、网站及期刊论文类

1. 陈健峰、林汉荣：养在深闺人未知——探秘云霄原生态土楼，https://mp.weixin.qq.com/s/nI6H4MtAWIGpoK84hhiYpA.

2. 陈支平、赵庆华著:《明代嘉万年间闽粤士大夫的寨堡防倭防盗倡议——以霍韬、林偕春为例》,《史学集刊》2018年第11期。

3. 戴咏声著:《 明代东南沿海抗倭斗争的第二战场和民间主力——长泰民众抗倭斗争的典型性及其时代意义》, 长泰文庙公众号。

4. 戴志坚:《福建古堡民居略识——以永安“安贞堡”为例》,《华中建筑》1999年第4期。

5. 戴志坚著:《福建土堡与福建土楼建筑形态之辨异》,《中国名城》2012年第4期。

6.《福建日报》2021-11-9.

7. 刘大寿著:《关于明嘉靖十九年修筑的二十二个堡寨》,《文史月刊》2018年第10期。

8. 楼建龙著:《福建土堡建筑综述》,《福建文博》2009年第3期。

9. 李昕泽、任军著:《地域传统堡寨聚落防御性比较》,《建筑与文化》2014年第4期。

10. 毛敏著:《土楼起源时代及地域新探》,《文博学刊》2018年第2期。

11. 平和概况，http://www.pinghe.gov.cn/cms/html/phxrmzf/zjph/index.html.

12. 清爽华安 乡愁古韵 | 百年侨村招山村的斑驳岁月 - 旅游华安，http://www.huaan.gov.cn/cms/html/haxrmzf/2021-05-07/74094246.html.

13. 魏鸿志:《南靖县客家源流考》, 中国市县发展网，http//www.360doc.cn/mip/141820472.htm.

14. 颜钲烽著:《明代闽南士绅林偕春的兵防思想》,《开封教育学院学报》2019年第12期。

15. 谢重光著:《明代畲、客、福佬在闽西南的接触及客家势力的发展》,《漳州师范学院学报》(哲学社会科学版)2005年第4期。

16. 行政区划，http://www.yunxiao.gov.cn/cms/html/yxxrmzf/xzqh/index.html.

17. 徐子卿著:《初探福建民居堡寨》,《中国民族博览》2018年第11期。

18. 杨国桢、陈支平著:《明清时代福建的土堡》,《中国社会经济史研究》1985年第7期。

19. 郑阿忠著:《浅析长泰山寨楼堡的三次兴建》,《福建文博》2018年第2期。

20. 郑旭、王鑫著:《堡寨聚落防御性空间解构及保护——以冷泉村为例》,《南方建筑》2016年第6期。

21. 漳州高新区基本情况 - 走进高新，http://gxq.zhangzhou.gov.cn/cms/html/zzgxkfq/2021-

06-23/1090930743.html.

22. 漳州市第七次全国人口普查公报（第二号），http://www.zhangzhou.gov.cn/cms/siteresource/article.shtml.

23. 漳州市龙海区政府网.行政区划，http://www.longhai.gov.cn/cms/html/lhsrmzf/xzqh/index.html.

附录　漳州市土楼城堡文保单位表（市级以上）

2018年漳州市市级以上文物保护单位名录（堡寨、城垣、土楼）		
等级	名称	地点
全国重点文物保护单位	镇海卫城址	漳州市龙海区隆教乡镇海村
	赵家堡、诒安堡	漳州市漳浦县湖西乡赵家城村、城内村
	绳武楼	漳州市平和县芦溪镇蕉路村
	田螺坑土楼群	漳州市南靖县书洋镇上坂村
	河坑土楼群	漳州市南靖县书洋镇曲江村
	怀远楼	漳州市南靖县书洋镇坎下村
	和贵楼	漳州市南靖县梅林镇璞山村
	庄上大楼	漳州市平和县大溪镇庄上村
	大地土楼群（二宜楼、东阳楼、南阳楼）	漳州市华安县仙都镇大地村
	锦江楼	漳州市漳浦县深土镇锦东村
省级文物保护单位	悬钟所城墙	漳州市诏安县梅岭镇南门村
	六鳌城墙	漳州市漳浦县六鳌镇
	铜山城墙	漳州市东山县铜陵镇公园社区
	菜埔堡	漳州市云霄县火田镇菜埔村
	莆美堡	漳州市云霄县莆美镇莆美村

续表

2018年漳州市市级以上文物保护单位名录（堡寨、城垣、土楼）		
等级	名称	地点
省级文物保护单位	歪嘴寨（长田革命旧址）	漳州市诏安县金星乡湖内村长田自然村
	齐云楼	漳州市华安县沙建镇岱山村
	洋竹径雨伞楼	漳州市华安县高车乡洋竹径村
	裕昌楼	漳州市南靖县书洋镇下坂村
	龙潭楼	漳州市南靖县书洋镇田中村
	薰南楼	漳州市平和县坂仔镇东风村
	树滋楼	漳州市云霄县和平乡宜谷径村
	一德楼	漳州市漳浦县绥安镇马坑村
	霞贯石楼群	龙文区郭坑镇霞贯村
	黄田土楼群（咏春楼、联辉楼、聚顺堂、龙见楼、衍庆楼）	漳州市平和县九峰镇黄田村
市级	坪埔崇兴楼	漳州市南靖县龙山镇坪埔村
	后眷楼	漳州市南靖县金山镇后春村
	春山保障楼	漳州市南靖县南坑镇村雅村
	翠林楼	漳州市南靖县南坑镇新罗村

后记

《漳州土楼与寨堡》书稿即将封稿之际，望着手头厚厚的书稿，首先想到的是两个字："感恩"，感恩家乡的这片土地，拥有了如此丰富的土楼寨堡建筑；感恩在这片土地上勤劳耕作的先民和能工巧匠创造出丰富多彩、精美绝伦的土楼寨堡建筑，我为生长在这片土地而自豪。

记得年轻时就喜欢在周边的村落逛来逛去，古寺庙、古祠堂、老牌坊、古桥、古民居等都是我喜欢光顾的。1984 年我就读于龙溪技校，同班中有来自漳浦、东山的同学，于是相约一个周末游玩了漳浦湖西的赵家堡、东山城关的铜山古城，高大的城墙、雄浑的建筑，至今仍记忆犹新。大概在 1993 年，我第一次去南靖看土楼，那种震人心扉的大型夯土建筑、天人合一的营造理念给我留下难忘的印象。从此我喜欢上走村子，遍布漳州的土楼寨堡以及碉楼等具有地域特色的建筑自然而然成为我关注的对象。

2008 年开始，我陆续在《闽南日报》《市场瞭望》《闽南》《龙海文史资料》等报刊发表了《霞寨土楼，藏风聚气》《九峰土楼，养在深闺》《漳州海防古城》《漳州芗城楼寨》《龙海土楼，养在深闺》《漳州碉楼》等介绍漳州土楼寨堡以及碉楼的文章，并在"南风"的美篇、"南风侨批馆"公众号以及网络平台"漳州头条"开设《风行漳州》栏目，其中介绍土楼寨堡的文章得到许多读者的喜欢。2015 年开始，我先后参与编写《漳州老牌坊》《林孔著后裔村落概览》《漳州番仔楼》等书籍，有针对性地收集漳州各地的古村落资料，积累了一定数量的土楼寨堡素材。

2020 年我和执教于闽南师范大学商学院旅游系的郑丽娟博士一起采风，发现她对漳州的乡土建筑也有着浓厚的兴趣。她从专业的视角对建筑进行细致的观察并有独到的见解。正巧她正在进行“福建防御性建筑的保护与开发研究”的课题申报，邀我一起合作，撰写一本较为全面反映漳州防御性乡土建筑的书籍。藉此机会和缘由，我们一拍即合，从申报课题到书籍出版，酝酿和整理了两年多，至此大功告成。

土楼寨堡的寻访和调查，既充满艰辛，也会带来惊喜。漳州土楼寨堡等防御性建筑，有的位于偏僻的村落，有的则处于荒郊野外和古驿道上，甚至有些是散落在已经没有人居住的深山里。这些土楼寨堡寻找起来困难，但是每每遇到，总会惊讶于这些建筑的精雕细琢，甚至会有一种如获至宝的感觉。

从课题立项到成书，撰稿时间颇为紧张，有时是一边整理书稿，一边又发现哪里还有土楼需要补充，哪里还有很不错的寨堡需要去看看，总感觉在漳州这片古老而美丽的土地上，还隐藏着那么多有价值且鲜为人知的寨堡、土楼在等待着我们去挖掘。

漳州在地理上有着南北文化差异，既有中原河洛与客家或古闽越的不同族群遗存的不同的生活及建筑方式，也有因此产生的不同形式、丰富多彩的建筑和居住类型。漳州海岸线绵长，在明初为防倭防寇而诞生了官防卫所的海防城堡；漳州民风彪悍，各地为抵御匪盗的侵扰，也建造了许多的寨堡、土楼、碉楼等防御性建筑。寻访土楼寨堡的过程，常常会惊讶于这些建筑深藏不露的质朴，惊叹于这些美轮美奂的建筑所凝聚的能工巧匠的智慧。

寻访土楼寨堡，有时会感觉很累，有时又感觉就是在观光，在踩点。其实我和郑丽娟博士对于建筑学可以说都是门外汉，郑博士虽说是属于“学院派”，但所从事的是旅游专业。因此，本书更多的是从土楼历史背景和旅游的角度，而不是从建筑学角度去撰写和分析，这也是本书的不足之处。

感恩走村过程中的遇见！感谢一同走访田调的师友和同好！感谢在走村过程中提供帮助的家乡父老！

本书的出版得到闽南师范大学土楼寨堡课题支持，感谢厦门大学建筑与土木工程学院教授戴志坚、闽南师范大学教授郭联志为本书作序，漳州图书馆原馆长张大伟对文稿进行细致的指导，感谢经济管理出版社编辑陈艺莹的辛苦付出，在此一并致谢！

林南中

2022 年 9 月 16 日于南风轩